职业教育农业农村部"十四五"规划教材（审定编号：NY-2-0001）

江苏省高等学校重点教材（编号：2021-2-203）

干花与压花制作

胡 琳　韩春叶 等　编著

中国农业出版社

北　京

内 容 简 介

　　干花与压花艺术在提高人们的文化素养与才艺、美化与装饰环境、使生活艺术化等方面有着重大的意义。本教材共设7个项目，介绍了国内外干花与压花艺术的现状和风格特点、干花与压花花材的采集与制作、压花作品的保护以及干花与压花艺术作品的设计与制作技巧等。本教材选用了大量的作品图片，既有国内外的优秀作品，又有编者多年来自己创作的作品。书中不同风格与类型的干花与压花作品制作过程清楚、制作重点突出，方便学习者进行模仿学习。

　　本教材不仅适用于职业院校园艺、园林等专业的学生学习，同时也可作为其他专业开设选修课、广大园艺工作者和干花压花爱好者学习的主要参考书。

前　言

　　鲜花，姹紫嫣红、绚丽多彩，已经成为人们美好生活不可缺少的一部分。当人们流连于大自然奇妙的花草世界时，不禁感叹鲜花生命的短暂，于是干花与压花制作应运而生。

　　干花与压花艺术是一门多姿多彩的艺术课，通过充分利用大自然植物器官的某一部分，如花、叶、枝、根、茎、果等，经过人工设计与加工，将其制作成回归自然又不失高雅的艺术品。干花可自由选择色彩，既可浓艳，又可淡雅，还可以表现鲜花不能具有的金属色泽。压花则是将植物独特的天然色彩、形态、质感与创作者的丰富想象、真情实感、精湛技艺经艺术创作融为一体。它们共同的特点就是源于大自然，又回归大自然，给传统的艺术品赋予了新的内涵，清新雅致、自然天成，可以长时间进行装饰与欣赏。

　　本教材的几位编者均是多年从事干花与压花艺术教学的高职院校教师，在教学中发现目前能够指导学生在掌握基础理论的同时完成作品实践的理实一体化教材几乎没有。于是在中国农业出版社的大力支持下，几位编者经过深入探讨，编写完成了这本教材。

　　本教材有以下几个特点：

　　1.理论与实践相结合　职业教育的目标就是培养高素质技术技能型人才，学生应具备掌握基础理论知识、技术应用能力强、素质高等特点。本教材以南通科技职业学院压花专家工作室、河南省专业院校教师技艺技能传承创新平台等为依托，以培养学生能力为本，为每种不同风格与类型的干花与压花精心挑选了适合学习的1～2个作品，用图文并茂的方法展示了干花与压花艺术作品的设计与制作过程。本教材明确了实训的目的要求、材料准备、操作方法等，既方便教师安排实训教学，又能指导学生模仿学习制作，便于操作。

2.模仿与创新相结合　干花与压花制作是一种从模仿开始，最终达到创新的艺术。本教材在安排实训内容的基础上，阐明制作原理与要点，让学生通过学习，不仅能知其然，还能知其所以然。学生通过动手实践从模仿到创作，充分培养了学生的创新能力。

3.运用范围较广　本教材不仅适用于高职院校园艺、园林等专业的学生学习，同时也可作为其他专业学生开设选修课、广大园艺工作者和干花压花爱好者学习的主要参考书。

本教材编写具体分工如下：项目一、附录由韩春叶、王明山编写；项目二、三由胡琳、张伟艳、耿晓东编写；项目四由胡琳、丁宁、付鹏、王亚峰编写；项目五由周婷婷、王莹、张新俊、安文杰编写；项目六任务一由陈霞编写，任务四由王莹编写，其余由周婷婷、张伟艳、胡琳编写；项目七由张伟艳、周婷婷、单丹丹编写。本教材由谢利娟审稿。

在编写过程中，我们结合教学反复研讨，限于编者的水平，错误在所难免，切望广大读者批评指正，以便不断修改、完善。

编　者

2022年5月

目录

项目一　干花与压花概述

【知识目标】

　　1.掌握干花与压花的定义与特点。

　　2.掌握干花与压花的发展简史。

　　3.掌握干花与压花的分类。

　　4.掌握干花与压花制作的学习方法。

【技能目标】

　　能正确对干花与压花进行分类。

任务一　干花与压花的定义与特点

知识点

　　1.干花与压花的定义。

　　2.干花与压花的特点。

　　3.干花与压花的意义。

相关知识

一、干花与压花的定义

　　1.干花　干花就是将植物材料经过脱水、保色或漂白、染色、干燥、定型等处理而制成的具有永久观赏性的植物制品。干花也称为立体干燥花。将各种干花材料经过艺术构图设计，制成的高品位立体艺术品称为干花艺术品（图1.1.1）。

　　干花艺术品可以长时间进行装饰与欣赏，它不仅具有自然界植物的质朴，还具有鲜花不具备的洒脱感。将山野中的花草枝叶果融入到温馨浪漫的作品当中，用其装点居室、办公室，仿佛把人们带回到了大自然中，这就是干花艺术品带来的无限乐趣，让人在家就能感觉到大自然的气息，心情舒畅愉悦。

图 1.1.1　干　花

2.压花　压花就是利用物理及化学方法,对具有观赏性的植物材料进行脱水、保色、压制和干燥等一系列的科学处理而制成的平面花材。压花也称为平面干燥花,是干燥花的一种形式(图 1.1.2)。

用来制作压花的植物材料称为压花花材。自然界中的植物种类繁多,这些植物的根、茎、芽、叶、花、果、树皮等均可以作为压花材料,我们把这些统称为压花花材,这是广义的压花花材。狭义的压花花材是指花卉植物的花朵、花瓣、叶片等。不仅栽培的花可以用于压花,路边的野花野草也可以用于压花,花卉生产或者插花时修剪下来的花蕾、叶片以及树皮、枯叶等材料都可以用于压花。

压花艺术是以压制好的花材作为创作的基本材料,依其形态、色彩和质感,设计制作成具有观赏性和实用性的植物艺术品的一门艺术。

压花艺术将自然界的奇花异草融入人们的生活

图 1.1.2　压　花

当中,不仅能让人们更好地亲近大自然,进而去保护大自然的植物,还能让人们在冬季看到春花,在夏季看到冬草。自然界的一花一草一木皆可入画。压花艺术有着独特的韵味,并非一幅画卷所能替代。

压花艺术作为近代新兴的一门艺术,是植物学和艺术学相结合的产物,它使自然学科和人文学科产生了很好的交融,是植物学里的美学。

二、干花与压花的特点

1.干花的特点

（1）颜色可随意变化。干花的色彩可以根据人们的喜好和要求进行染色，既可有新鲜花材和新鲜绿叶的各种色泽，还可以有鲜花没有的黑色、发光的金色和银色等金属颜色（图1.1.3、图1.1.4）。

图1.1.3 染色的满天星

图1.1.4 染色的麦穗

（2）材料来源广泛。干花的材料来源十分广泛，可以是花朵、花瓣、花蕊、果实、果皮、种子、果壳、枯枝残叶，也可以是人工制作加工而成的材料，还可以是野生植物材料。目前，世界各国常使用的干花材料有2 000～3 000种。

（3）风格别具一格。干花是由自然界的植物制作而成的，具有独特的自然魅力。干花虽然没有新鲜花材那么真实，但是却能散发出一种野生植物特有的气息，能展现出乡村田园风光的独特魅力（图1.1.5）。

图1.1.5 各类干花

（4）应用范围广泛。干花与新鲜花材相比，它的观赏时期不受限制，可以将干花制作成花束、花环（图1.1.6、图1.1.7），还可以制作成干花装裱挂画等各种花艺作品，以供长期欣赏。

图1.1.6　干花花束　　　　　　　　　　　　　　　图1.1.7　干花花环

（5）使用管理更加方便。干花与新鲜花材相比，它的存放要求条件低（干燥即可），一般可以保持2～3年不褪色，甚至更长时间。

2.压花的特点

（1）来源于自然，接近自然。观赏花卉植物美丽多姿，可以给人们带来无限的温馨和遐想，可花开花落，人们往往感叹于花好易逝。《红楼梦》中的"黛玉葬花"，表达了黛玉对落花的怜惜，黛玉将凋谢的花埋葬于地里，虽留住了落花，却留不住鲜花盛放时的美丽，只能寄托一份哀思；仿真花卉工艺品虽栩栩如生，却终究不是真实的。压花不仅能让鲜花短暂的美丽长驻人间，而且可以将植物天然的形态、自然的色泽、奇妙的纹理恒久地定格在压花艺术作品中，演绎一种特别的意境和韵味，令人赏心悦目，爱不释手。

压花的最大特点就是源于大自然，又回归大自然。压花的返璞归真，与现代人的思想追求非常接近。压花能够充分利用植物材料，发挥其最大的用途，增加其利用价值，所以说压花是一种天然而又环保的艺术。

（2）具有美妙的艺术感染力。压花艺术作品设计风格多样。大多数压花材料都来自于植物，花材的质感、形态和色彩多种多样、各有不同，所以压花艺术作品就像一件美术工艺作品，不可以简单地进行复制和重现，因此，它的艺术价值是独一无二的。压花艺术作品蕴含着极其丰富的艺术魅力，不仅仅是人们用来消遣的手工艺。

压花艺术在一定程度上与花艺中的插花艺术、干花艺术有许多相似相通之处，在作品立意构思、色彩设计、构图技巧、制作技法、创作等方面都很类似，可以说压花艺术与插花艺术、干花艺术是姊妹艺术。但压花在艺术上有所创新。

压花艺术与绘画艺术、雕塑艺术等也有着许多共同的特点，但其独特的韵味不是画笔、刻刀所能替代的，压花艺术更有真实感、亲切感。压花艺术有着一般艺术所没有的欣赏层面，就是人们可以近距离地观察花材的选择、压制和保存。压花艺术给传统的艺术品赋予了新的内涵，清新雅致，自然天成，这就是压花艺术的独特魅力。

（3）既高雅又易融入人们的生活。压花艺术既高雅又容易融入大众。压花艺术的令人着迷之处还在于它的多元化。一方面，它可以像插花、油画、水彩、粉彩等其他主流艺术一样参加国际艺术比赛；另一方面，它又非常生活化，几朵小花，几片绿叶，就可以把生活点缀得多彩多姿。

压花制作可大可小，小到书签之类的工艺品，大到宽1.2m、长2m的压花作品，均深受大家的喜爱。同时，压花还可以与生活日用品结合起来，提高产品的经济价值，如压花贺卡、压花蜡烛、压花灯罩、压花首饰（包括压花项链、压花戒指、压花耳环、压花手链等）、压花手机链、压花桌布、压花玻璃门等。总之，压花可以融入生活的每个角落，美化生活。

很多种类的艺术一般只能是少数艺术家的专业行为，普通人可望而不可求。而压花艺术则不同，可满足不同层次人群的需求。作为高级艺术，其要求很高，但作为娱乐，在幼儿园也能开展。人人都可以动手制作压花，设计小的压花书签、压花卡片以及各种各样的压花艺术作品，既丰富了业余生活，也陶冶了自己的情操，可谓老少皆宜，雅俗共赏。将自己制作的压花作品送给朋友，其意义是商场购买的礼物所不能及的。在高度工业化的社会里，手工制作的东西显得尤其珍贵。

在旅游的途中，在散步的时候，随时都可以采摘到压花的材料。就是这些不起眼的小花小草，在压花艺术家的手中都可以变成艺术品。所以说，压花创作富有生活情趣、艺术情趣，只要达到赏心悦目的目的，就是一种收获。

三、干花与压花的意义

1.具有素质教育的特点　干花与压花具有很强的艺术性和趣味性，开设干花与压花制作课程，能够寓教于乐，提高学生的艺术修养，有助于塑造学生健全的人格。干花与压花制作也是一门实践性很强的课程，可充分调动学生（包括大学生、中学生和小学生）的想象力，培养和提高学生的创作能力和艺术素养，使学生获得美的享受和艺术的熏陶，激发学生的创作热情，将学生作为主体的自觉能动性发挥到认识世界、改造世界、保护自然的实践中，实现感性认识和理性认识的统一。

2.既能美化居室，又能装饰环境　干花与压花作品既有很高的艺术观赏性，又具备很强的装饰效果。干花与压花作品可以装饰不同的环境，如酒吧、咖啡屋、西餐厅、办公室、卧室、书房等。根据不同的环境需要，设计不同风格的干花与压花作品，可以达到极佳的装饰效果和装饰目的。

3.丰富人们生活　随着我国经济的快速增长，生活水平的不断提高，在物质生活得到满足的同时，人们更渴望高质量的精神生活。亲自动手制作干花与压花作品别有一番趣味，可谓是时尚新体验。创业者可以开设各种各样的干花与压花制作工作室，学员来自各个行业，都是为了在业余时间学习一门赏心悦目的技艺，提高生活质量和生活品位，美化生活，陶冶情操。

4.现代减压的一种形式　在快节奏的现代城市生活中，人们每天为工作和生活忙碌着，闲暇的时候需要寻找一些减压的方式，让思想和身体能够得到休息和放松。干花与压花制作带给人们更多的是情感的交流和美的享受。优美的干花作品、压花卡片，可爱

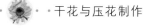

的干花与压花首饰，浪漫的压花蜡烛、压花装饰画等，都显示出干花与压花艺术带给我们生活的美好。

干花与压花制作作为一种减压的生活方式，可以使人们在艺术创作的过程中寻找另一个自我，享受干花与压花带来的快乐。

5.21世纪的朝阳产业　干花与压花是花卉与艺术的结合，是花卉产业的延伸，可以丰富观赏园艺的内涵，给观赏园艺赋予新的内容，使学科更加完善、更具特色。干花与压花制作的过程中能够充分利用植物的边角料，使之物尽其用，提高花卉的附加价值。

目前中国将干花与压花艺术品作为产业来发展的企业还比较少，干花与压花制作对于大多数人来说还是一个陌生而又新鲜的领域，所以说干花与压花产业是正在兴起的朝阳产业，可以为农民增收提供一条新的思路，为企业经营创造新的发展空间。

6.弘扬我国传统文化　将我国传统的插花技艺融入干花作品的设计中，将国画的风格融入压花作品的设计中，无疑对弘扬我国传统文化、促使我国干花与压花艺术在国际花艺界创造辉煌具有深远的意义。

✿ 思考

1.干花与压花的相似点与不同点是什么？

2.干花与压花的特点是什么？

3.干花与压花的意义是什么？

任务二　干花与压花的起源、发展与展望

知识点

1.干花的起源。

2.干花的发展与展望。

3.压花的起源。

4.压花的发展与展望。

5.压花艺术面临的主要问题和解决方法。

相关知识

一、干花的起源

干花最早是在埃及金字塔中被发现的，将花材直接埋在洞穴中，纯粹以装饰为目的。东方干花的出现为19世纪末期，20世纪70年代开始广泛运用。随着人类社会的不断发展与变更，干花开始真正作为一种装饰品步入生活领域。由于不同的国家和地区所拥有的干花植物资源不同、科技发展水平不均衡及审美习惯等方面的差异，使得干花在世界各国的生产与制作、加工方面形成了不同特色，由此形成了三大生产体系。

1.欧美干花生产体系　欧美干花生产体系多注重保持植物材料的自然形态和特色，多以繁茂的小花类植物材料为主。这些产品细腻、优雅、富有柔和感和温馨浪漫的气息，其装饰效果以维多利亚风格为主。属于这一类生产体系的国家有荷兰、丹麦、意大利、西班牙、英国、德国、美国、加拿大等（图1.2.1）。

2.亚洲干花生产体系　亚洲干花生产以漂白、染色等加工工艺为主，注重东方式装饰效果。主要以满天星、勿忘我、蕨类植物及叶脉明显植物为花材，工艺精细，色彩及造型明快、流畅，以我国为代表（图1.2.2）。

3.澳非干花生产体系　主要以当地特有的植物制作干花，以厚重豪迈的原始风格为特色。主要生产国以澳大利亚、新西兰、南非为代表，材料多以植物的叶和果穗为主（图1.2.3）。

图1.2.1　欧美干花

图1.2.2　亚洲干花

图1.2.3　澳非干花

二、干花的发展与展望

干花的国际市场前景诱人。目前，法国的干花市场已经相当繁荣。根据有关资料报道，已有30%的鲜花从业者开始转向销售干花制品，特别是秋冬季节，是干花销售旺季，占全年销售量的78%。主要品种有雁来红、郁金香、水仙、白兰、月季、玫瑰等，还有用来衬托花色的绿色植物和各种奇花异草。在干花销售时，花店按顾客的要求，把各种花草搭配组成花束或花篮，十分惹人喜爱。随着干花销售量的增大，人们对干花加工工艺的科学研究也相继开展起来，建立了一批实验室和加工车间，基本实现了工业化生产程序。根据法国园艺中心市场分析，干花在法国市场的发展潜力很大，前景十分可观。

美国干花在设计上突破了传统风格，转向以简单自然的方式表现干花之美，很受顾客的青睐，产品供不应求。美国市场主要以麦穗、玫瑰、熏衣草、芍药、黄菊花、麦秆菊、高粱等作为干花材料。

在澳大利亚的许多市场上，花店都有干花出售，在饭店、百货公司的大厅、走廊或橱窗中，以及在许多家庭中，作为装饰的瓶装干花随处可见。

日本有田活力卫浴设备公司特推出"世纪行"干花，采用化学干燥法将玫瑰、康乃馨、兰花等花卉原有的自然形态完全保存下来。

随着国际市场对干花的需求量不断增大，国外一些公司在干花的科研设备等方面也加大了投入，将原有的小规模生产扩大成专业规模化生产。

虽然当前在国际市场上干花的前景很好，但在国内由于各方面的原因，干花的研制开发却处于缓慢发展的阶段。目前国内发展较好的省份主要有北京和广东，推出了一系列观赏与实用相结合的产品，在市场上引起了人们的关注，很多地区的客户纷纷要求订货，销售量很大，经济效益也很可观，产品已批量出口到欧美国家及新加坡、日本、韩国等。但由于花材基地的局限性和原材料供应不足等问题，很难形成大规模生产。

我国幅员辽阔、气候带复杂、植被类型繁多、花卉资源十分丰富，其中牡丹、勿忘我、满天星、芍药、玫瑰、百合、月季、杜鹃、康乃馨、兰花、菊花等生产基地，都是非常难得的干花原材料基地。而且，我国山川众多，生长的奇花异草也较多，这些都是物美价廉的干花原材料，只要充分利用起来，进行加工、制作、包装，均可获得较大的经济效益。目前我国已有许多单位在进行干花的科研工作，但因为不能正确把握市场动向等因素，并未形成有影响力的品牌。

针对以上情况，我国应在原有的发展基础上不断地寻求新的方法、新的途径，从制作工艺水平、生产方式、产品质量、科研开发以及销售渠道等方面下工夫，力争做到以下几点：

（1）提高我国干花的制作技术和商品化程度。

（2）充分利用我国丰富的自然植物资源。

（3）加强与国外的信息交流，参与国际市场竞争。

（4）加强干花装饰艺术的宣传和普及，创造出具有我国特色的干花装饰品。

三、压花的起源

压花的英文是pressed flower，正确的翻译即为"压花"。日本是压花制作比较成熟的国家，在日文中，压花的写法为"押し花"，所以在压花商品和技术引进时常被翻译为"押花"。但中文中的"押"更多的含义是抵押，"押花"本另有所指。所以，虽然目前国内大部分厂商采用的是"押花"的说法，但压花专业人士一直在倡导追本溯源，还原

"压花"本意，同时呼吁本土压花艺术的出现。关于压花的起源有很多说法，大家都公认压花起源于植物标本。

目前世界上存有最早的植物标本是从埃及一座建于公元前305年的墓中出土的橄榄枝叶，距今已超过2 300年的历史，现存放在英国皇家植物园（图1.2.4）。而意大利的植物学家Luca Ghini（1500—1566）是公认的最早制作系统的植物标本并以艺术性的方法展现，且将其编写成书的人，遗憾的是他编写的植物标本书籍目前只有散页，存放在意大利佛罗伦萨的博物馆里（图1.2.5）。世界上现存最完整、最古老的植物标本书籍为*Petrus Cadé Herbarium*（1566），目前存放在荷兰（图1.2.6）。

图1.2.4　公元前305年橄榄枝叶

图1.2.5　Luca Ghini　植物标本书籍

图1.2.6　世界上最古老、最完整的植物标本书籍

四、压花的发展与展望

压花盛行最早是在欧洲，流传极为广泛。英国有300余年的压花历史，法国、意大利、德国、丹麦等国家有不同的压花流派和作品。在20世纪50年代，压花开始流行于日本，20世纪80年代在中国开始兴起。近年来压花在日本、美国、澳大利亚和中国颇受欢迎，得到了极大的发展。

19世纪后半叶，英国维多利亚女王时代，压花的发展达到一个新的高潮。维多利亚女王自身就是一位非常出色的压花艺术家。压花成为上流社会女性间引以为傲的才艺，她们用压花点缀《圣经》封面或做成装饰画。英国宫廷中的女性还会将宫廷花园里的花草植物，甚至是药草都制成压花。她们互相介绍奇花异草，切磋压花技艺，展示自己的作品，在豪华的宫廷，压花画被精美的镜框包装起来，成为必不可少的室内装饰画。后来，压花逐渐发展到民间，成为各阶层人士的休闲活动。压花在英国至今仍然十分盛行。

已逝去的摩洛哥王妃Grace Kelly十分热衷于压花艺术。Grace出生于美国费城，是好莱坞著名的电影明星。Grace十分爱花，尤其喜欢压花画，她在家乡学会了压花制作，并且成为了压花高手。她嫁到摩洛哥后，亲自组建了花园俱乐部，进行各种形式的花艺活动，推广压花艺术。至今，摩洛哥还保存着许多她的压花作品，她的压花作品曾由摩洛哥政府组织，在全世界巡回展出。

美国的压花艺术源于英国，融入了美国崇尚自由的文化。美国最大规模的世界级压花艺术作品比赛于每年的3月在费城举行。

日本较早地成立了压花艺术协会。在日本压花教室、家族式工作室遍布全国，形成多分支、多流派的压花艺术风格。日本植物标本的研究是在明治维新时代传入的。20世纪50年代，第二次世界大战后，干燥剂被研制出来，于是简单的植物标本制作发展为压花。因为政府大力支持，日本人对压花的研究比较深入，推广普及较好。对于压花方面的研究，日本一直处于领先地位。杉野俊幸和杉野宣雄父子堪称日本压花界的代表，他们的家族企业"日本花和绿研究所"，致力于压花技术的研究，花材的干燥和保色技术得到明显改进，尤其在原色压花原理和技术方面取得了突破。他们还开发了压花用具以及各种各样的压花新产品和新技术，发明了原色压花器、微波炉压花器等专业工具，并率先开展了压花辅助材料的开发和商品化生产及销售，使压花产品真正意义上进入商业化运作，在国际压花界较有影响力。

在中国，从唐、宋时期有关"红叶题诗"的传说中便可以推断，我国很早便有了压花的意念与雏形。在清代的皇宫里有画有佛像的菩提叶画，在丝绸之路上，有菩提的叶子画，上面有贴金，据此推断，中国的压花应该出现在清代以前。

相传在清代，印度的高僧进京朝见清朝皇帝，随行带了两株佛教的圣树——菩提树，敬献给诚心信佛的皇上，并种在皇宫内，这两棵树长得枝繁叶茂。深秋，叶片纷纷凋落，为了表示自己对佛祖的虔诚之心，皇帝让人用木桩围在树的四周，不让别人去乱摸，像供佛一样供起来。皇帝非常喜爱这两棵树，秋天树叶掉落，引起了皇帝的无限伤感，于是，要想办法留住这些枯叶。最终有人想出了一个好办法，那就是将已枯黄的叶子用纸夹住，压在重石之下，待其压平干燥以后，树叶平平整整就像一张张黄褐色的纸，将中心部分褪色，漂成米黄色，再令宫中高级画匠在上面精心绘制佛祖的神像，就像画在纸上一样，色彩鲜艳，精细逼真。这样，一张张画有佛像的菩提树叶就敬献给了皇帝，皇帝非常高兴，将这些菩提叶画作为高档皇家礼品，赐给有功之臣、各国使节及众僧侣。今天的日本佛教僧侣及虔诚的佛教徒仍然十分喜爱画有佛祖的中国清代菩提叶画，这可以说是压花艺术的另一种形式。

20世纪60年代，在北京就有用叶脉制作的书签了。叶脉上面有精美的染色昆虫剪纸，叶柄上系了彩色流苏，是北京市工艺美术厂制作的工艺品。20世纪80年代，用枫叶、野花等材料制成的贺卡和书签等简单压花制品，在国内市场上非常流行。由于教学和科研单位相继对压花保色和压花艺术进行了研究，目前我国的压花技术和压花画制作工艺有了较大的发展。

以前，人们把压花定位为手工艺，或者是一项消遣的爱好。从英国的维多利亚女王时代一直到20世纪90年代初，人们对于压花的认识都是如此。从20世纪90年代开始，一批有远见的压花艺术家如Kate Chu等开始把压花推向新的层面：一种和其他艺术具有同等地位的艺术。

1997年，华南农业大学在全国率先开设公共选修课程——压花艺术，受到各专业大学生的欢迎。随后，天津农学院、东北林业大学、天津大学、上海农林职业技术学院、广东科贸职业学院等高等院校相继开设了压花艺术课程，还有一些学校将压花艺术作为花卉艺术课程的一部分内容，如中国农业大学等。

压花之所以如此吸引人，在于其把大自然的美带到大家忙碌的生活中。随着人们生活水平的不断提高，人们对环境的要求也日益提高，人们渴望回归大自然，拥抱大自然，返璞归真。压花作品风格各异，构图设计多种多样，只要付出耐心，任何人都可以学会并创作出属于自己的压花作品，在作品中充分体现个人的性格、修养、品位与爱好。压花作为旧时皇室贵族消遣和奢侈的代表已成为历史，它应当成为老少皆宜、妇孺均可的大众艺术。

国际上，压花作为一种高雅的生活艺术，早已融入人们的生活中，满足了人们对高质量精神生活的渴望，其市场需求量不断扩大。

目前，国内外的压花事业蓬勃发展，不断涌现出不同风格的压花作品，深受各界人士的喜爱。

五、压花艺术面临的主要问题和解决方法

压花艺术要蓬勃发展，还有很多问题亟待解决，如怎样找到适宜压花的花卉品种并种植好？如何制作高品质的压花？如何设计有特色的压花艺术作品？如何能使作品长期不褪色、不霉变？要解决这些问题，有如下途径：

1.选育适宜压花的花卉新品种，并进行配套栽培技术的研究　能否制作高质量的压花，首先取决于所使用的新鲜花材。新鲜花材的品种和栽培条件（温度、湿度、光照、pH、土壤营养等）是影响压花成败的要素。有了好的鲜花，才能有条件制作出好的压花。所以首先需要选育适宜压花的花卉新品种，并进行配套栽培技术的研究。

2.研究压花的保色机理　制作高品质的压花过程中如何保色是关键，也是技术核心。大自然赋予植物的色彩是人工不能代替的，追求原色压花也是压花工作者一直坚持的。

但是很多花材压制之后就会变色或者褪色，如何压制才能使各种植物材料保持其色彩，且形态达到最佳的状态，这就需要做深入的研究。不同的花材需要不同的压制方法，所以需要不断地研究制作压花的技巧、研究鲜花的色素类型及其在压制和保存过程中的变色机理，以此为依据研究压花的关键技术。

3.研究开发新的压花工具，寻找新的压花方法　国内使用的压花工具主要是根据植物标本制作来设计的，但是这种工具制作压花需要的时间长，且干燥后花材的颜色变化大，有的褪色，有的褐变，效果不够理想，多数不能用于压花艺术创作，浪费了人力物力等资源，造成了很大的损失。因此，研究开发新的压花工具，寻找新的压花方法，是必须努力的方向之一。

如果有新型的压花工具，可以缩短制作压花所需的时间，使花材干燥后颜色保持原色，那么推广压花也就容易多了。特别是机械化的压花工具，它的开发将为工厂化生产压花提供优良的设备，促进压花产业的发展。

4.创作有特色的压花作品，培养一批压花艺术家　创作有特色的压花作品，提高作品的艺术价值和艺术魅力，这无疑对压花的发展和推广具有重要意义。通过业余或专业学习，培养一批压花艺术家，才能更好地传播压花。

5.研究保存压花作品的技术　压花作品在保存过程中可能出现褪色、变色、发霉、长虫等情况。如何保存、如何装裱才能使作品保存的时间持久，就需要研究保存技术。

国内压花画的装裱和密封目前还达不到国际水准。国际上使用较多的保存压花作品的技术多数是日本和美国研发的，我们需要研发自己的技术，以降低制作作品的成本。

6.研发压花手工艺品的半成品材料　压花的魅力在于自己动手制作压花，而不是买现成的压花制品。人们痴迷于压花，不只是喜欢压花成品，制作压花的过程对人们来说也是一种享受。但压花的半成品材料却不易寻找。例如，制作精美的压花首饰时，首饰上面的凸状高硬度有机玻璃就很难找到。即使有，价格也普遍较高，人们就很少制作了。

因此，在压花这门手工艺行业中，各种特制的压花半成品材料，如画框、扇面、笔记本、书签、化妆镜、台灯等就很值得研究和开发，并可以进行批量生产以降低价格。

7.大力宣传推广压花　见到压花作品的人多数都会觉得吃惊：自然界原来还有这么美妙的一面！

事实上，国内也好，国外也好，很多人都不知道压花。连消息灵通的记者们也觉得压花艺术是一个新的词汇，他们都惊讶地表示原来压花是一门真正的艺术，而不仅仅是人们消遣的手工艺。我们需要大力宣传推广压花，让更多人认识和了解压花，并且享受到其中的乐趣。

✿ **思考：**

1.简述干花与压花的发展简史。

2.干花与压花的发展前景如何？

任务三　干花与压花的分类

知识点

1.干花的分类。
2.压花的分类。

相关知识

一、干花的分类

（一）根据艺术风格分类

干花起源于欧洲，传统的干花多体现西方艺术风格，这也是由干燥的植物材料的特点所决定的。随着现代干花的发展，尤其是植物软化技术的改进和提高，拓宽了干花的表现空间，逐渐融合了东方淡雅、细腻的表现手法，使干花艺术形式多样化，形成了现代化的自由式干花艺术风格。

1.西方干花插花　西方干花插花艺术风格受西方传统文化和习俗的影响，主要体现人们热爱生活、热爱生命的主题，利用花材的整体美和造型美来打动人（图1.3.1）。主要特点包括：

（1）作品注重群体的装饰性和艺术效果，不过分强调主题思想内涵，作品主题常以外形而不是内涵去表现。

（2）选材注重外形美和色彩美，用材种类多、数量大，不讲究个体材料的表现，注重整体材料的效果美。

（3）造型以几何图形和图案为主，讲究整齐规则、端庄大方，追求群体表现力。

（4）配色五彩缤纷、大色块设计，且色彩浓艳，表现风格热烈奔放，雍容华丽。

2.东方干花插花　东方干花插花艺术风格受东方传统文化和习俗的影

图1.3.1　西方干花插花（Kristen，2019）

响，主要体现人类崇尚自然、技法自然并高于自然的人文要求，利用花材的自然美感进行插制创作（图1.3.2）。主要特点包括：

（1）作品重视意境和思想内涵的表达，注重花材的人格化意义，重视花文化，赋予作品深刻的思想内涵，体现了东方绘画"意在笔先，画尽意在"的构思特点。

（2）选材简练，以材料的姿态和质感取胜，不仅注重表现花朵的美，也十分注重枝、叶所表现出的美感。

（3）构图上崇尚自然，常采用不对称构图法则。

（4）色彩上以清淡、素雅为主。

（二）根据用途分类

1.礼仪干花插花　用于各种社交、礼仪活动的插花。如用在庆典中的大型落地花篮、桌饰花篮、花束、瓶花、胸花、花带等。这些形式的干花插花造型精美，色调有

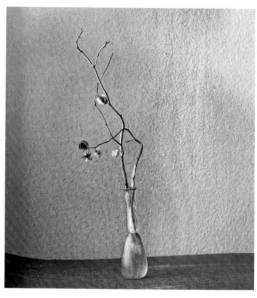

图1.3.2　东方干花插花（川濑敏郎，2014）

的温馨典雅，有的华丽富贵。常用于一些公共场所的门厅、大堂、客房、会议室及宴会桌上（图1.3.3、图1.3.4、图1.3.5）。

图1.3.3　干花花束（Kristen，2019）

图1.3.4　干花瓶花（Kristen，2019）

图1.3.5　干花花带

　　2.艺术干花插花　　主要用于美化环境和艺术欣赏，既可以用来渲染烘托气氛，又可供艺术享受。这类插花在造型上不拘泥一定的形式，较注重表现线条美，色彩或典雅古朴，或明快亮丽。如欧洲国家的干花插花多喜欢用自然色，即植物干燥以后的原色。这样的干花插花给人以古朴自然而又粗犷的美感。主题思想的表现注重抽象和含蓄，并具有返璞归真的艺术效果。日本及我国部分地区则喜欢用人工着色的干花做艺术插花，这样的插花显得精美、秀丽、格调高雅。主题思想的表现注重内涵和意境的丰富与深远，富有诗情画意。艺术插花多用于客厅、书房、卧室或花卉展览会及专题插花展（图1.3.6、图1.3.7）。

图1.3.6　西方式干花插花（Kristen，2017）

图1.3.7　东方式干花插花（胡琳，2018）

　　（三）根据造型形式分类

　　1.干花插花

　　（1）根据三大主枝在容器中的构图不同可分为：直立式、水平式、倾斜式、下垂式。

　　（2）根据作品外形轮廓不同可分为：规则式（等腰三角形、扇形、倒T形等）和不规则式（L形、S形、不等边三角形、放射形等）（图1.3.8、图1.3.9）。

　　（3）根据造型风格不同可分为：自然式、抽象式和几何图案式等。几何图案造型在日常生活中应用广泛。

图1.3.8　干花插花倒T形

图1.3.9　干花插花S形

2.干花装饰品　干花装饰品造型形式有：花束式、花环式、花索式、花球式、花框式以及具有特殊造型的自由式等，这些装饰品形式活泼、形态各异、用途广泛、装饰效果独特。

干花装饰品的设计技法有很多，如捆绑、组群、铺陈、串挂、架构等（图1.3.10）。

图1.3.10　干花装饰品（Kristen，2017）

二、压花的分类

压花作品形式、大小、构图不受局限，种类很多。压花作品在世界各地有很多风格和流派，如古典风格、田园风格、写意风格、浪漫风格、简约风格、中式风格等。古典风格让你回到巴洛克时代，田园风格带你回到欢乐的童年。就像画家手中的画笔一样，完全可以应用不同质地、颜色的花朵或叶片去完成压花画。不同之处在于画家用颜料作画，而压花艺术家是用压花去作画。压花艺术仿佛是一个魔幻的世界，很难想象在你身边再平凡不过的小花小草竟然可以构造出一幅如此有艺术感的图画。

虽然说世界各地有很多压花风格，但是现代科技大大缩短了世界各地的人们之间的距离，压花风格已经不再局限于某个国家或地区。应该说，压花艺术是没有国界的。压花可以从不同的角度进行分类。根据艺术类型可以将压花分为艺术压花和工艺压花；根据构图形式可以将压花分为八大类型，即写生压花、插花式压花、图案式压花、风景压花、人物动物压花、中国画式压花、抽象压花和幻想压花；根据应用可以将压花分为压花画和压花用品。

（一）根据艺术类型分类

1.艺术压花　艺术压花就是将压花运用在艺术上，是把压花作为艺术创作的基本材料，就好像水彩、油料对于水彩画和油画一样。

2.工艺压花　工艺压花就是将压花运用在工艺美术上，它更加多姿多彩。压花工艺美术可以把平凡的物品点缀得万紫千红，如压花屏风、压花蜡烛、压花首饰等。压花工艺美术和一般工艺美术的不同之处在于压花植物的独特性。每一件作品因为使用了真实的植物，而植物的形态、色彩、纹理和质感各不相同，所以每一件压花工艺美术品都是不可复制、独一无二的。

（二）根据构图形式分类

1.写生压花　写生压花就是将大自然中的花卉从野外或花圃移植到室内，以写生的形式来表现压花。

写生压花分为写实式和写意式两种风格。

（1）写实风格。写实风格的压花作品是用花材粘贴出与植物自然状态极其相似的画面。在制作这类作品时比较重视花材的自然性状，所以要求取材于同一植物来制作。中国画式的构图非常适合写实压花作品。与植物标本不同的是，植物标本注重的是科学的一面，压花设计注重的是艺术性（图1.3.11）。

（2）写意风格（国画写意法）。运用国画的技法制作中国花鸟画式的效果，表现压花与中华人文的融合，庄重古朴。写意风格是一种较难掌握的表现风格。制作这类作品时应遵循国画中的"意在笔先、意到笔不到"的创作思想，以少量的花材表现深邃、清远的意境。如用手将树皮撕成不规则的形状来表现石头，将线形草叶撕成细条做兰花的叶。一幅好的写意压花作品常给人以"画外有画、意外有意"的感受。

2.插花式压花　插花式压花主要借鉴插花造型的设计方式，其构图造型有瓶插、花束、花环、花篮等（图1.3.12）。

在欧美国家，新娘捧花的压花设计是一些压花公司的主营业务。每一对新婚的伴侣都想留住婚礼中美好的点滴，新娘捧花就是其中之一。婚礼结束后把新娘捧花的花球或者花束送到压花公司，公司将这些花材压制后制作成原形作品装裱后寄回。在美国，一幅新娘捧花的压花作品价格为150～450美元。

图1.3.11　写生压花（Pat Smith）　　　图1.3.12　插花式压花（陈国菊）

3.图案式压花　图案式压花是将花材按一定比例的图案进行构图、粘贴。图案式构图可分为几何图形、字母图形和自由式三类。常用的规则几何图形有三角形、心形、圆形、椭圆形、新月形等。常用的字母图形有C形、S形、L形、O形、U形、T形、倒T形等，维多利亚式的设计就属于这种风格（图1.3.13）。图案式压花没有特定的设计方式，根据花材的形状、颜色、大小和制作者的发挥，随心所欲，也能设计出新颖的图案，花可多可少，可饱满可简单，作品形式变化多样，常见的构图方式有散点式、放射式、并列式、渐变式等。

4. 风景压花　风景压花就是依据花材的色彩、形态、质感，将植物压花花材设计为山、水、植物、动物、空气、光、建筑以及其他诸如雕塑碑刻、胜迹遗址等构成风景的元素，制作风景画。有时也在作品中设计一些园林景观、森林、房屋、礼花、云彩、星星、月亮、太阳、小船、汽车等。色彩或鲜艳或淡雅，注重表现人物的情感、动物的形神、风景的情调、画面的意境和韵味。风景压花作品常常是作者内心情感的表达。图1.3.14为Liming Twanmoh在2007年费城花展压花艺术作品比赛中获得金奖的作品——城堡。

图1.3.13　图案式压花（Lee Hough）　　　图1.3.14　风景压花（Liming Twanmoh）

5. 人物动物压花　人物动物压花是依据花材的色彩、形态、纹理和质感，设计制作各种各样的人物和动物。包括写意和工笔相近的设计，也有写实和卡通之分（图1.3.15）。

6. 中国画式压花　中国画式压花是以中国画的构图形式设计制作压花画，简称中式压花。其将中国字画与压花艺术相结合，既具备压花艺术本身固有的艺术风格和特点，又兼备了中国画的无穷韵味和魅力，是一种令人耳目一新的艺术形式。图1.3.16是中国台湾压花前辈古淑正设计制作的中国画式压花——小苍兰。

7. 抽象压花　所谓抽象，就是指构图脱离写实而表现作者的内心世界。严格来讲，所有不反映一个真实物体的压花构图，都是抽象压花。抽象压花可以是几何形的，也可以是线形的，包括维多利亚式的设计（图1.3.17）。

抽象构图为创作者提供了无限广阔的想象空间。抽象压花又因花材的独特性，充分展现了压花花材的魅力，是一类具有高度概括性和艺术韵味的作品，将抽象艺术表现得淋漓尽致。

图1.3.15　人物压花（Joy Linburgh）

图1.3.16　中国画式压花（古淑正）

抽象压花在制作过程中需忽略花材的自然属性，将花材当做点、线、面的结合素材，通过对其粘贴组合，表现作者的情绪感受，是主观性极强的创作形式，所以在构图设计时要大胆取材，以感受和情绪支配创作。

8.幻想压花　幻想艺术是艺术创作的一个类别，采用超自然的具有某种魔法的能力主导创作，幻想也不仅仅局限在人物和动物。图1.3.18是陈国菊在2007年费城花展压花艺术作品比赛中获得金奖的作品——爱尔兰传奇人物。

从中国古代的龙凤、飞天到现代的卡通，还有西方的花仙子，各种传奇人物、传奇故事的压花作品都属于这一类型。最常见的幻想压花为花仙子、传奇人物或者动物，其造型或细腻，或写意，十分有趣。

图1.3.17　抽象压花（Kata Chu）

图1.3.18　幻想压花作品——爱尔兰传奇人物（陈国菊）

（三）根据应用分类

压花艺术的应用非常广泛，美丽的压花蜡烛可以使浪漫的夜晚更加迷人；精美的压花首饰盒最适合保存自己心爱的饰物；精心制作的压花贺卡可用来传递无限的友情与关爱；不同艺术风格的压花框画作为不同的家居环境的装饰品，展示与众不同的生活品位。所有这些压花作品既表现了很高的艺术品位，又具备很好的装饰效果。

1.压花画

（1）压花装饰画。可美化居室，自然温馨，典雅高贵。制作压花装饰画，衬底可以是各色各样的卡纸、油画布、平绒布、玻璃、木板等，再配上一个镜框，就是一幅优美的压花装饰画。这种装饰画不拘形式、可大可小、构图随意（图1.3.19）。

压花装饰画的制作工艺精细，而且基本上可以按设计重复制作。

（2）压花艺术画。与压花装饰画相比，压花艺术画更多地融入了制作者的情感。

对压花艺术家来说，不同质地、色彩和质感的压花材料就好像画家手中的笔墨一样，利用这些万紫千红、丰富多彩的压花，可以设计制作各种风格的压花艺术画。压花艺术家运用各种花材，把自己灵魂深处的感情融入作品之中，再平凡不过的植物材料也可以构造出一幅幅富有艺术魅力的压花艺术画（图1.3.20）。

图1.3.19 压花装饰画（张伟艳，2020）

图1.3.20 压花艺术画（罗丽娟，2019）

2.**压花用品** 压花艺术可以应用到生活中的方方面面，利用压花来装饰日常用品，可以呈现出优质淡雅的效果，使生活空间充满诗意。

在礼仪社交活动中，可以设计制作各种图案的压花请柬，让人耳目一新，爱不释手。在各种宴会上，贵宾席上的座位卡也可以用压花图案来设计，在餐桌上摆放的餐巾纸、桌旗上粘贴上各色各样的花、草、叶，可以给整个宴会增添温馨愉悦的气氛，能够表现出主人的高雅气质和对来宾的热忱欢迎。

利用压花可以制作各式各样的卡片，如贺年卡、圣诞卡、生日卡、情人卡等。压花卡上的花、叶是突出纸面的，更真实、更有层次感，使人一看就怦然心动，爱不释手。不同的卡片可以使用不同的花和叶来设计制作。表示喜庆的卡片，可用红色和粉色；表达热烈与温馨，可用红色、粉色和淡蓝色的飞燕草、微型玫瑰、小金盏花、小雏菊等；而致哀的卡片，则多采用白色，常用小白菊花。与印刷卡片相比，用压花制作的卡片更有品位，显示出一份诚意和一种雅致。

在造纸的时候，将各种压制好的花、草、叶压进纸张中，制成高档的压花纸，可以作为装饰墙面的墙纸及高档的包装纸，还可作为信纸和书本的封面等。这种高档的压花纸在美国、英国、泰国等国家的文具市场上可以买到。

很多喜欢压花的人士，在居家日用品上粘贴压制好的花材，制作压花生活日用品，如压花灯罩、压花围裙、压花窗帘、压花桌布、压花乐谱、压花蜡烛、压花化妆盒、压花木梳、压花镜子等，使生活空间充满大自然质朴、诗情画意的韵味，让家更温馨（图1.3.21、图1.3.22）。

图1.3.21 压花用品（Uirike）

图1.3.22 压花小挂件（陈国菊）

🍀 **思考：**

1.根据哪些形式可以将干花分为不同的类别？具体有哪些？

2.根据哪些形式可以将压花分为不同的类别？具体有哪些？

任务四 干花与压花制作的学习方法

知识点

干花与压花制作的学习方法。

相关知识

1.多加工花材 学习干花与压花制作的第一步，就是静下心来，多加工花材。只有加工出了漂亮的花材，我们才有设计干花与压花作品的原材料，才能制作各种类型的作品。加工花材需要我们有耐心，要摆脱急躁的心态，所以学习干花与压花制作也是人们减压的一种方式。

2.学习相关学科的知识 学习干花与压花制作，还需要多学一些相关的学科知识，如美学、绘画、插花艺术、植物学、植物生理生化等方面的基本知识，这些知识对于我们解决制作花材中遇到的问题和设计制作作品都会有很大的帮助。

3.参观各种各样的美术展览 多参观各种各样的美术展览，多看各种艺术形式的作品，对于我们设计干花与压花作品会有启发。

4.多实践、多创作 干花与压花制作是我们感受大自然神奇色彩的一种方式，利用植物本身的色彩与形状可以制作出美丽的作品。

要制作出较完美的作品，唤起欣赏者的共鸣，带给人们一定的艺术感染力，就必须多实践、多创作、多积累，并注意在技能上不断学习和提高。

5.品味干花与压花艺术 就像诗歌、绘画、音乐一样，干花与压花艺术是我们尽情抒发感情的一种方式。干花与压花艺术最大的特点就是源于大自然，充分体现大自然的美丽。

一个高质量的干花与压花作品不可能在短时间内制作出来。每一朵花、每一片叶都得精心挑选、制作和设计。在制作的过程中，你会发现很多平时注意不到的小花小草，通过处理，在你的手中变成了形态、色彩都很特别的花材，很不起眼的花朵和叶片经过你的设计，都成了艺术品。

所有的艺术都源于生活，生活的点点滴滴都是我们创作干花与压花作品的源泉。快乐的心态会给予我们更多的创作灵感和激情。

学习干花与压花制作之后，设计制作作品的过程会让人享受到很多乐趣。品味干花与压花也就是品味生活，慢慢地你会发现，原来生活如此美好！

✿ 思考：

如何在干花与压花制作过程中品味生活？

项目二　干花花材的采集与加工

【知识目标】

1.掌握常见干花花材选择和采集的原则与方法。
2.掌握常见干花花材漂白与染色的材料与方法。
3.掌握常见干花花材干燥、软化与保色的材料与方法。

【技能目标】

1.能根据作品制作需要选择合理的干花花材。
2.能根据干花花材的种类选择合理的采集时间和方法。
3.掌握常见干花花材的干燥与保色技术。
4.掌握常见干花花材的漂白与染色技术。
5.掌握常见干花花材的软化技术。
6.掌握常见干花花材的保存技术。

任务一　干花花材的选择与采集

知识点

1.干花花材的类型。
2.干花花材的选择原则。
3.干花花材的采集用具。
4.干花花材的采集时间。

技能点

1.掌握干花花材的选择方法。
2.掌握干花花材的采集方法。

相关知识

一、干花花材的选择

干花花材的选择范围非常广泛，被大风吹断掉落在地上的树枝都可以作为干花花材。目前全世界已开发出干花花材几千种。

干花根据使用的性质可分为两种：一种是有一定长度要求的、常用来制作插花作品的干花；另一种是没有长度要求的，用来制作装饰品的干花。所以在采集花材时，可根据用途进行选择。

1.干花花材的类型　　干花花材可分为花朵、花序、果穗、果实、果壳、枝干、叶片等类型。

（1）花朵、花序。很多人工栽培的花朵，是制作干花的上好材料，如月季、绣球、鸡冠花、千日红、麦秆菊、银苞菊、向日葵、玫瑰等（图2.1.1至图2.1.4）。

图2.1.1　千日红

图2.1.2　麦秆菊

图2.1.3　康乃馨

图2.1.4　玫瑰花

（2）果穗、果实、果壳。松果、莲蓬、观赏南瓜、小葫芦、小丝瓜、香蒲、豆科的豆荚、花生壳、棉籽壳等（图2.1.5、图2.1.6）。

图 2.1.5 松　果

图 2.1.6 莲　蓬

（3）枝干。竹枝、柳条、藤条、三叉木、龙游桑枝条、龙爪枣枝条、小木枝、小木片等（图 2.1.7、图 2.1.8）。

图 2.1.7 小木枝

图 2.1.8 小木片

（4）叶片。如莎草和蕨类植物的叶片、枸骨树的叶片、苏铁叶、大芒草、尤加利叶、银叶菊叶等（图 2.1.9、图 2.1.10）。

图 2.1.9 尤加利叶

图 2.1.10 银叶菊叶

（5）草类。勿忘我、情人草、满天星、星星草、蓍草、兔尾草等（图2.1.11、图2.1.12）。

图2.1.11　情人草

图2.1.12　勿忘我

（6）农作物。水稻、高粱、麦穗、莜麦、芝麻、胡麻、玉米、棉花等（图2.1.13、图2.1.14）。

图2.1.13　麦　穗

图2.1.14　棉　花

（7）人工组合花。对于一些具有很强观赏价值的鲜花，不适合干燥或干制有难度，可以通过植物材料加工组合而成。包括团块状花材，如荷花、牡丹、非洲菊、玫瑰等，以及一些线形花材，如唐菖蒲、银芽柳、藤条等（图2.1.15）。

图2.1.15　人工组合花

2.干花花材选择的原则

（1）尽量选择水分含量较少的花材，比如玫瑰、康乃馨、满天星、勿忘我、情人草等，避免选择桔梗、百合、荷花等水分含量大的花材。有些植物的果实也可以作为良好的自然风干材料，比如尤加利果等水分含量不高的植物果实，可以直接放在花器里风干。

（2）尽量选择颜色较深的花材，浅色花材干燥后颜色容易发黄，显腐败色。比如干花红玫瑰会比干花黄玫瑰更耐看，蓝紫色绣球会比淡粉色绣球更具特色。如果特别中意浅色干花，也可以尝试纯白的康乃馨等。

二、干花花材的采集

1.采集的用具

（1）采切与捆扎用具。枝剪、高枝剪、高枝铲、镰刀、绳索、细金属丝等。

（2）盛装用具。塑料袋、塑料桶、纸箱、背篓等。

（3）护具及其他。穿戴适合野外采集的服装、鞋帽、手套，携带防蚊虫叮咬、跌打划伤的药品（如风油精、碘酒、止痛膏、创可贴等）。

2.采集的时间 最好在晴朗干燥的天气进行，阴雨天不利于采集后对植物材料的干燥，且不便于运输。一天中，以上午9时至11时采集的植物质量最好，姿态和花色均最佳。如需要茎吸染（活体染色）的花枝或果穗，以清晨带露水时采集为佳，且需及时浸于水中保鲜。

由于花材的季节性，干花材料采集可在各个季节进行。但秋天是大量采集花材的最好时机，特别是果实、叶片等，因此有人说干花是秋天的花。

（1）春天。采集银柳枝、杜鹃枝、月季、玫瑰、苏铁叶等。

（2）夏天。采集麦秆菊、银苞菊、香蒲、刺果（人工栽培）、蓝刺头、荻、小麦、大麦、蕨叶等。

（3）秋天。采集千日红、续断、高粱、荞麦、胡麻、益母草、米蒿、大籽蒿、茵陈蒿、苘麻、曼陀罗、松果、紫薇果壳、黄秋葵、角蒿、风毛菊、贯众叶、百合果壳（野生）、刺藜、枸骨叶、香椿果、莲蓬、小葫芦、小丝瓜、紫藤豆荚等。

（4）四季可用。花店里一年四季都有的月季、满天星、尤加利、勿忘我、情人草、绣球等，都是随时可做干花的花材。

3.常见干花花材的采集 常见干花花材的采集要点见表2.1.1。

表2.1.1 常见干花花材的采集要点

名称	采集佳期	采集方法	类型
情人草	5—7月	当花茎上多数小花开放、黄色花冠展开时，剪取花枝	散状花材
长苞香蒲	6—7月	当雄花凋谢，雌花花序开始膨胀时尽早采集，采切长80～100cm为宜，20～30枝一束	线状花材
蓝刺头	7—8月	采切长度60～80cm	团块状花材
麦秆菊	7—9月	制作干切花插花作品宜选用枝干高的品种，而制作干花饰品需漂白、染色的宜选用浅色矮生品种	团块状花材
千日红	7—10月	当花序下部的小花展开时剪切	团块状花材

(续)

名称	采集佳期	采集方法	类型
香叶蓍	8月	当伞房状聚生花序的外轮花序中的小花开放时，剪切5～10枝捆扎成束，倒悬干燥	团块状花材
酸浆	10月上中旬	当植株停止生长后，用枝剪沿茎基部剪下，每10枝为一束捆扎	特殊形状花材
蒿类植物	10—12月	当植株枯黄、叶片脱落以后，用枝剪沿茎基部剪下，以绳索捆扎	线状花材
黄秋葵	11—12月	当植株上的枝叶干枯时，剪切每3～5枝捆扎成束	特殊形状花材
松果	12月至翌年2月	成熟后及时采摘，如白皮松、油松、红松、金钱松等果实	团块状花材
乳茄	12月至翌年2月	于入冬落叶后，用枝剪沿果枝基部剪下干制	特殊形状花材
苏铁叶	春、夏、秋三季	选叶色墨绿、光亮润泽、宽阔平展、无病虫害的叶片，用枝剪沿叶柄剪下	线状花材

❀ **思考：**

1. 干花花材的类型与选择原则是什么？
2. 以5种干花花材为例，列出采集时使用的用具、采集的时间和方法。

❀ **技能训练：**

干花花材的采集

1. **训练目的** 掌握常见干花花材采集的方法。
2. **材料与工具** 枝剪、金属丝、塑料袋、纸箱等。
3. **方法与步骤**
（1）干花花材种类的选择。
（2）干花花材采集时间的确定。
（3）干花花材的采集。
4. **训练要求** 每位同学熟练掌握常见干花花材采集的工具、时间和采集部位、长度等。

任务二　干花花材的干燥与保色

知识点

1. 干花花材的自然干燥法。
2. 干花花材的加温干燥法。
3. 干花花材的减压干燥法。
4. 干花花材的包埋干燥法。
5. 干花花材的保色。

技能点

1.掌握干花花材的干燥方法。
2.掌握干花花材的保色方法。

相关知识

一、干花花材的干燥

采集回来的干花花材要立即进行干燥处理。

(一) 自然干燥法

自然干燥法是最自然简单、便捷且环保的一种花材干燥方式，是利用自然的空气流通及较高的气温，除去植物中的水分。只要依循几个简单的原则，并注意干燥的环境，便可以制作出理想的干燥花材。

1.干燥原则

(1) 采集新鲜的花材进行干燥，可让花形、颜色尽可能呈现最美的状态，不新鲜的花材干燥后，除了颜色可能会较为暗沉之外，部分花材还会产生褐斑，影响美观。

(2) 将花材腐烂、不健康的部分摘掉，并将多余的枝叶去除，过长的花茎也要一并剪除，以尽量缩短干燥时间。

(3) 花材表面的水分太多时，可先用风扇将表面水分吹干再进行干燥，效果会更佳。

(4) 将花材分成小束扎绑，以免过多的花材挤压在一起，过于闷湿而发霉。

(5) 因花材会随着水分散失而干缩，建议用橡皮筋捆绑，可避免干缩时掉落。

(6) 悬挂至通风处进行干燥。风干环境需要选择干爽且通风良好之处，避免阳光直射、阴暗潮湿的地方。

2.干燥类型

(1) 倒挂干燥法。适用于有长度的及带花朵的花材。具体方法是将采集来的花材一束束整理好，用橡皮筋（不要用绳子，因为植物干燥会收缩，体积变小，会从绳子结中脱落）扎紧，倒挂在通风干燥的地方。月季、勿忘我、情人草、千日红、小麦、大麦、莜麦、荻、香蒲、蓝刺头、银柳枝、满天星、尤加利等要放在避光的地方，而米蒿、茵陈蒿、大籽蒿、刺藜、香椿果、紫薇果壳、胡麻、高粱、莲蓬等可以放在有日光的地方悬挂（图2.2.1）。

图2.2.1 倒挂干燥法

(2) 平放干燥法。适用于茎枝较短、花序较大较重的花材，如麦秆菊、银苞菊、松果、谷穗、小葫芦、小丝瓜、玉米等。将花材松散地平放在干燥通风避光的平台上，适时翻转，加快水分的蒸发，防止霉烂。最好置于有穿孔的纸板、木板上或金属网架上（图2.2.2）。

（3）叶片重压干燥法。将叶片使用标本夹或重石压平干燥。若处理后的叶片平整舒展，后期可以漂白、染色处理（图2.2.3）。

图2.2.2　平放干燥法

图2.2.3　叶片重压干燥法（标本夹）

（4）箱/盒式干燥法。将花材放入干燥箱中，15d左右就可以完成干燥，方便快捷效果好（图2.2.4）。

图2.2.4　箱/盒式干燥法

每种花材所需的风干时间不同，环境与气候状况也有所不同，但基本上2～4周可完全干燥，部分花材如大型菊花，则可能需要1～2个月的干燥时间。基本上干燥的时间越短，干燥效果越好，花色保存得也就越理想。为了尽可能保留原有的色彩，可在密闭的小空间里，如楼梯阁楼、衣柜或小隔间里，将除湿机湿度设定在40%以下，降低并控制环境湿度，便能获得非常理想的干燥效果。

（二）加温干燥法

适于自然干燥法的类型为了提高干燥速度均可使用，包括烘箱烘干法、干花机干燥法和微波干燥法。

（三）减压干燥法

以减压空气为干燥介质，将植物材料中的水分蒸发或升华，从而达到干燥的目的，目前只用于永生花的制作。

（四）包埋干燥法

并非所有的花材利用自然干燥法都能有理想的效果。一般来说含水量较多的花材，如马蹄莲、桔梗等，采用自然干燥法容易萎缩变形且颜色变化也较大，此时可以将花埋入干燥剂中，让干燥剂吸收花材的湿气，加速其干燥，会有更佳的干燥效果。一般市售的干燥剂直径大多为0.3～0.5mm，尺寸稍大，就无法填入花朵细缝且容易造成压痕，可选购花艺专用的0.1～0.2mm干燥沙或极细干燥沙使用。

1.单朵花材

（1）将玫瑰的花头剪下，仅保留需要的茎段长度。

（2）在密封盒中倒入一层与花茎长度相当深度的干燥沙，花朵以面朝上的方式垂直插入。每一朵花之间，要稍微保留一点空隙，以避免花朵受到挤压而变形。

（3）在花瓣的缝隙间一层一层仔细地撒上干燥沙，直到花朵被完全覆盖，密封后建议在盒上标明日期以便计算干燥时间（图2.2.5）。

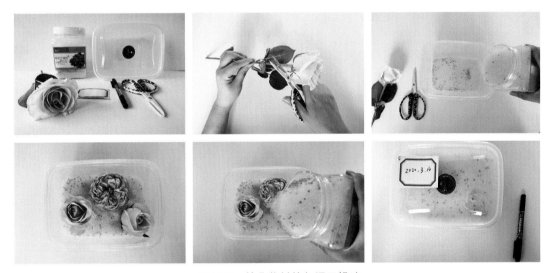

图2.2.5 单朵花材的包埋干燥法

2.长茎或枝状花材

（1）在密封盒中倒入一层干燥沙，将欲干燥的花材平放在干燥沙上。

（2）均匀地撒上干燥沙，将花材完全覆盖住。因重力会让花材受压而扁平，埋沙的厚度适量即可（图2.2.6）。

3.注意点

（1）干燥时间会依花朵的含水量与干燥沙的使用量而有所不同，5～20d可干燥完全。

（2）若要将不同种类的花朵一起干燥，建议挑选花朵尺寸或花瓣薄厚接近的，干燥的时间可较为一致。

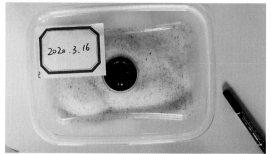

图2.2.6　长茎或枝状花材的包埋干燥法

（3）水分脱干后，花材会变得相当易碎，取出时要十分小心。先将密封盒斜放，轻轻倒出部分干燥沙，再将手伸入干燥沙中握住花茎，以倒拉的方式慢慢将花材抽取出来。

（4）花朵取出后，仍会粘附少许的干燥沙，因为刚取出的花朵十分易碎，所以不能甩动或触碰。可将花朵静置一段时间，让其稍微回潮后，再轻甩或使用小笔刷将细沙清除。

（5）使用此种方法干燥的花材，大多可以将鲜明的色泽保存下来，但缺点是受潮后容易软塌且褪色，所以尽量在干燥的环境下保存。

二、干花花材的保色处理

为使干花花材保形保色，常采用干燥剂包埋法、微波炉干燥法等保色的干燥处理，自然干燥法保形保色效果较差。

1.干燥剂包埋法　采用这种方法，可以较好地保持花材原有的颜色和形状。具体操作方法见上文"包埋干燥法"部分。

利用干燥剂的吸水特性，除去花材中的水分，常用的干燥剂为变色硅胶颗粒。经过包埋干燥后的花材，用镊子将花一朵朵轻轻夹出，抖去花瓣内夹藏的干燥剂颗粒，用绿铁丝(花卉市场有售)蘸上乳胶插入花头(如需加枝茎的团块状花材，如月季、绣球等)基部内形成枝茎，一朵朵地整理好，再插到发泡塑料板上待用。注意要使花朵防潮、防晒、防尘。用过的硅胶颗粒吸收了花朵中的水分，再在微波炉中或阳光下加热干燥，除去内含水分，放入密封性能好的盒子中，以备下一次使用。

2.微波炉干燥法　准备一个带有转盘的微波炉，干燥剂可用硅胶颗粒也可用细沙粒。将月季等花朵同包埋法一样，用干燥剂包埋住，不加盖子密封，直接放入微波炉的转盘上，用中档的温度加热1～2min，反复2～3次后将盒子取出。用镊子将月季花一朵朵轻轻夹出，抖去花瓣内的干燥剂颗粒，穿上铁丝，或一朵朵地放入干燥的盒子内备用。干花花材最佳的处理方法就是迅速干燥，迅速除去内含的水分。用干燥剂包埋、微波炉烘烤能在短时间内尽快去除花材中的水分，所以用此方法处理的花朵能很好地保持原有的颜色及形状。

如果还想达到更好的效果，可以在包埋之前，用活体吸色的方法。在染料溶液中再加入适量的甘油，将花材插入此溶液中，待染液和甘油进入花瓣后剪下花头，用微波炉结合干燥剂包埋处理，处理后的颜色更鲜艳，不掉色，而且花瓣不会因干燥而脆裂，经过软化的花朵像新鲜状态时柔软且富有弹性。

✿ 思考：

1.干花花材的干燥方法有哪些?
2.干花花材的保色方法有哪些?

✿ 技能训练一：

干花花材的自然干燥

1.训练目的　掌握常见干花花材自然干燥的方法。
2.材料与工具　花艺剪、枝剪、橡皮筋、金属网架、标本夹等。
3.方法与步骤
（1）干花花材的倒挂干燥。
（2）干花花材的平放干燥。
（3）干花花材的叶片重压干燥（标本夹）。
4.训练要求　每位同学熟练掌握干花花材自然干燥的不同方法。

✿ 技能训练二：

干花花材的包埋干燥

1.训练目的　掌握常见干花花材包埋干燥的方法。
2.材料与工具　花艺剪、枝剪、干燥沙、密封盒、记号笔、标签等。
3.方法与步骤
（1）干花花材的剪取。
（2）在密封盒中倒入一层与花茎长度相当深度的干燥沙。
（3）花朵以面朝上的方式垂直插入。
（4）在花瓣的缝隙间一层一层仔细地撒上干燥沙，继续倒入干燥沙直到花朵被完全覆盖。
（5）密封后在盒上标明日期。
4.训练要求　每位同学熟练掌握干花花材包埋干燥的步骤与要点。

任务三 干花花材的漂白与染色

1.漂白干花花材的选择原则。
2.干花花材的漂白工序。
3.干花花材的染料着色方法。
4.干花花材的涂料着色方法。

技能点

1.掌握干花花材的漂白方法。
2.掌握干花花材的染色、涂色、喷色方法。

相关知识

一、花材漂白

花材漂白的目的在于去除或破坏花材纤维里的其他有色杂质或影响染色效果的杂质，为干花的染色制造洁白度高的白色花材。作为干花生产的关键环节，漂白工序影响整个干花材料的美感和真实感，有着至关重要的作用（图2.3.1）。

（一）植物材料选择

适于漂白的花材，应具备含有丰富的纤维、具有较好的韧性和不易脱落或折断等特点。

1.果穗、果枝 它是漂白花材中的主要类型，常用的植物有高粱、小麦、燕麦、亚麻、芝麻、苘麻、黄秋葵、续断、桔梗、漏斗菜、松果等。

2.茎 它是漂白花材中的常用类型，如地肤茎、藤条、柳条、刺藜茎等。

3.花序 由于花序纤维含量相对较低，因此可用来制作漂白干花材的较少，常用的植物有黄蒿、米蒿、麦秆菊等。

图2.3.1 漂白—叶兰

4.叶 选叶大、质厚和有刚性效果的材料，如苏铁叶、铁线蕨叶、广玉兰叶、玉兰叶、蜡梅叶、芒萁叶等有特色的叶。

（二）漂白方法

1.亚氯酸钠（$NaClO_2$）漂白法 漂白效果稳定、产品白度好、手感好、对花材损伤小，是目前国内外常用的方法，但操作过程中会释放出有毒性的Cl_2，故需有极好的排气设备。

2.次氯酸钠（NaClO）漂白法　价格便宜、产品白度好，但漂白速度慢、浓度大、对花材损伤大，产品易出现脱落、断折现象。对叶绿素有较好的漂白效果。一般不常采用此法。

3.过氧化氢（双氧水，H_2O_2）漂白法　脱色漂白效果好，是经常使用的漂白试剂。产品白度较好，合适的浓度对植物纤维不会造成破坏，产品手感好，但对某些色素如叶绿素的脱色能力差，有一定局限性。

4.硫黄熏蒸漂白法　操作简单，但漂白效果较差，花材放置一段时间会逐渐发黄。

（三）漂白工序

1.亚氯酸钠（$NaClO_2$）漂白

（1）工艺流程。水洗（浸泡）→漂白→水洗→中和脱氯→水洗→晾干。

（2）注意事项。

①漂液用酸（HCl）调至弱酸性，最后可用碱及双氧水中和脱氯。

②漂白效果好，对花材损伤小，目前常用。但溶剂原料有较大毒性，生产过程中有Cl_2释放，故需有良好排气设备和严格管理。

2.次氯酸钠（NaClO）漂白

（1）工艺流程。水洗（浸泡）→漂白→水洗→酸洗→水洗→中和→水洗→脱晒。

（2）注意事项。

①漂液用碱调至弱碱性，漂液中加入适量硅酸钠作为pH稳定剂。

②漂白后应用酸洗去残留漂白剂，最后做整体洗涤。

③次氯酸钠漂白是目前不常用的一种方法，有Cl_2排放，对花材损伤最重，但对叶绿素有较好漂白效果，洁白度较高。

3.过氧化氢（双氧水，H_2O_2）漂白　该漂白方法无毒气排放，工作条件相对较好，且产品品质较好，因此是目前常用的漂白方法之一，更适合小规模操作。一般使用浓度为30%的工业用过氧化氢，漂液浓度视处理花材的数量和体积而定，一般为30%～40%。常用KOH或NaOH调节漂液pH约为9。为防止过氧化氢过快分解，常在漂液中加入稳定剂Na_2SiO_3。HCl作为中和剂，加入量为漂液的5%左右。

（1）工艺流程。浸泡→脱色→一段漂白→水洗→二段漂白→水洗→中和除垢→水洗→晾干（干燥）。

（2）注意事项。

①不适宜漂白绿色花材。对于刺蓼、小麦、百日菊、小丝瓜等易漂物，只用一段漂白即可；而高粱、米蒿、茵陈蒿、香椿果等易褐变且颜色较深的植物需采用二段漂白。

②漂白温度，需控制不高于60℃，否则损伤植物纤维。

③干燥和整理，如不需染色，可以直接干燥，干燥方法采用项目二任务二中介绍的方法，但需避光干燥，以免阳光照射使白色材料泛黄。干燥后用纸包好，整齐码放于干燥的避光处，不能受潮。

4.漂白注意点

（1）漂白速度与温度、时间及浓度有关。随温度和浓度的增加、时间的延长而漂白度增强，但对纤维的损伤也在增加。花材质地不同，所需的漂白时间也不同。一般适宜的漂白温度为50～55℃，漂白时间为1～2h，花材质地坚硬的，漂白时间可适当延长。

（2）漂白效果与花材表面蜡质的多少、脂类物质含量、色素成分有一定关系。应根据不同花材选择适宜的漂白剂、pH以及漂白的时间和温度。

二、花材染色

漂白后的干花花材要经过染色处理才能有漂亮的色泽。花材的染色是通过色料渗入花材组织中或附着于花材表面，使花材着色的过程（图2.3.2、图2.3.3）。

图2.3.2 染色黄栌叶

图2.3.3 染色松果

（一）染料着色

就是将色料渗入花材内使其着色的方法。通常染料与花材纤维相互作用进行，包括染料吸附、扩散、固着三个方面。

1.染料的种类与特性

（1）直接染色的染料。易溶于水、色谱齐全、匀染性好，但色泽不够鲜艳。

（2）活性染料。能溶于水、色谱齐全、匀染性较好、色泽鲜艳、使用简便、色牢度好。但染料利用率不高，染深色较困难。国产活性染料有X型、K型、KD型、KN型、M型。其中X型和K型不可混用。

（3）碱性染料。染色鲜艳、得色量高、易染深色、日晒色牢度好、耐热、在稀酸的热溶液中溶解度高。此类染料用于干花染色效果最好。

（4）还原染料。不溶于水，在碱性还原液中还原为可溶性隐色体钠盐后，才能上染纤维，再经氧化还原为不溶性染料固着于花材上。与纤维有良好亲和力、色牢度好、染色鲜艳，但缺乏大红色。

（5）硫化染料。不溶于水，可在硫化物碱性溶液中还原成隐色体溶于水被纤维吸附，再经氧化重新生成不溶性染料固着于花材上。色谱不全，缺红色、紫色，色彩不够鲜艳，上染率较低。

（6）不溶性偶氮染料。两种有机化合物在纤维上结合而成的染料，色泽浓艳、得色量高。

用于干花染色的染料以活性染料、直接染料和碱性染料为多，其中碱性染料最常使用。

2.花材的染色工艺 在干花花材的着色处理方法中，效果最好的是使用化学染色方法。让染料分子渗透到植物内部，与植物的细胞壁结合，从而稳定均匀地分散到花材内外层，使花材具有柔和自然的颜色，且有真实感。

花材只有经过漂白，才具有染色的基本条件，花材漂得越白，染出来的颜色越鲜艳透亮。花材的染色一般使用水煮染法，即在染液中完成染色过程。以碱性染料的染色为例：

（1）染色流程。浸湿→加染料→升温→沸煮→固色→冲洗→干燥。

（2）注意事项。

①染料必须充分溶解，染料浓度视色标小样而定。

②煮沸时间不要超过3min，否则破坏手感。染色时，要使花材完全浸泡在染料中，使其均匀上色。时间过短，影响色牢度。

③充分漂洗，去除浮色。

④可以使用自然干燥法倒挂在通风避光处，但碱性染料的日晒色牢度较差。也可以使用电热烘干机，温度不要太高，保持在50℃左右，机内要有循环热风，要把花材放在钢帘上，使钢帘缓慢卷动。

（二）涂料着色

就是将色料附着于花材表面的着色方法。色料与花材的结合是依赖涂料中的附着剂或黏合剂作用完成的，包括涂色和喷色。

1.涂料的种类与特性

（1）金属色料。金属色料自身无法固着于花材上，常用清漆作为附着剂将其固着。

①铜金粉。金色粉末，遇空气中的水和二氧化碳可形成蓝绿色结晶物。

②银粉。银色粉末，久置易氧化变黑，使花材失去金属光泽，变暗。

③铝银浆。银色糊状悬浮液。

（2）漆。

①醇酸类漆。常用，光泽强，但干燥慢。

②硝基漆。光泽强，干燥快。

③无光漆。光泽弱，质感好，但色彩种类少。

（3）水性颜料。为黏稠糊状或膏状物，可与水调成悬浮液或糊状物。包括广告颜料、水粉，颜色丰富，其中的荧光广告色和荧光水粉着色最为艳丽。

（4）油性颜料。主要指油画颜料，只能用涂抹方法着色，限于少批量或家庭使用。

（5）印花涂料。不溶于水，纺织物上使用的一些涂料，也可用于干花的涂色。

2.花材的涂色和喷色

（1）花材的涂色。可以用水性颜料和油性颜料，颜料附着在植物表面，使植物具有颜料的颜色，这种方法使干花花材的色彩不真实、不柔和，效果不是很好（图2.3.4）。

（2）花材的喷色。一般用醇酸类漆、硝基漆、无光漆与有色涂料混合，喷涂在花材的表面，此种方法只适合制作有金属效果的花材。例如，在松果、叶片、果壳上喷涂金色和银色的漆料使花材具有金色和银色的效果（图2.3.5）。但因为铜金粉和银粉时间稍长

图2.3.4　花材的涂色

就会氧化变黑，所以也会使花材逐渐失去金属光泽，变得灰暗，而且花材的色彩显得呆板、虚假，真实感欠佳。

（3）花材的彩色真空镀膜技术。它是使干花着色的最新、最先进的高科技手段。用真空镀膜技术不但能使花材有金色和银色的效果，还能具有淡粉、淡蓝和淡绿的色彩。经过镀膜的花材色彩柔和、漂亮，有一种太空般的科幻感，还能显现原有植物的特色，不但金属光泽能保持长久，而且包覆在植物表面的金属膜很牢固地附着在花材上，水洗也不会脱色，比金属喷漆的方法要好得多。

图2.3.5　花材的喷色

✿ **思考：**

1.适合漂白的干花花材有哪些？
2.分析不同漂白方法的优缺点。
3.干花花材漂白的注意点有哪些？
4.干花花材的染料与涂料有哪些？
5.干花花材染色的注意点有哪些？

✿ **技能训练：**

干花花材的喷色处理

1.**训练目的**　掌握常见干花花材喷色处理的方法。
2.**材料与工具**　漆料、花材等。
3.**方法与步骤**
（1）按花材的特性和作品需要选择漆料的种类和颜色。
（2）喷色。
4.**训练要求**　每位同学熟练掌握干花花材喷色的步骤与要点。

任务四 干花花材的软化与保存

知识点

1.干花花材的软化方法。
2.干花花材的存放方法。
3.干花花材的存放环境及注意点。

技能点

掌握干花花材的软化方法。

相关知识

一、干花花材的软化

大部分花材干燥后显得生硬、呆板，且质地脆弱。有些花材部分器官还极易脱落，尤其是纤细的花材，此现象更为严重。为了使干花不干，有很好的柔韧性，可以进行软化处理。

1.湿性液浸法 即在染色清洗后，放入浓度为30%的甘油水溶液中，浸泡30min，取出稍冲洗，干燥后其手感有柔韧性，与鲜材接近，没有非常干硬的感觉，不易发生脆裂、易折等现象。如米蒿软化后极柔软，富于立体感，姿态保持了花材的优美特点；补血草软化后柔软有弹性，无落花现象。

2.存在问题
①渗液现象。
②长期保存后花材逐渐发干。
③处理后的花材色泽变暗。
④处理后的花材表面有黏性，有严重吸尘性。
⑤在湿度大的环境中易霉变。

二、干花花材的保存

干燥、染色、软化后的花材，要进行后期处理。按品种、颜色、长度、质量等级等分别用橡皮筋扎紧，放入塑料袋中，防潮防晒。如麦秆菊过潮会收缩成一个球，过干会分解散开、花瓣脱落。

干花花材存放的环境也很重要，应尽可能避免阳光直射或湿度较大的场所。如果阳光直射，可能导致提前褪色。此外，水分也是天敌，可能导致花材产生霉菌，进而导致花材腐败。梅雨或夏季等湿度大的季节，干花会吸收空气中的水分，进而变软。应放置于通风良好的场所，预防变形和发霉，或加开除湿机控制湿度，可减缓变色的速度。

花材种类与存放环境不同，其使用寿命也有差异，一般来说可以放置半年至两年的时间不等。花材上若有灰尘堆积，可轻拍抖落或使用小刷子轻轻刷除，如果发现有发霉的现象，可使用酒精轻轻擦拭除霉。若作品局部的花材发霉过于严重，建议将该花材移除置换，以免影响其他花材。因此，充分注意环境条件是干花花材长久维持最佳状态的关键。

✿ **思考**：

1.简述干花花材软化的湿性液浸法工艺流程。
2.干花花材对存放环境的要求有哪些？

✿ **技能训练**：

干花花材的后期处理

1.**训练目的**　掌握常见干花花材后期处理的方法。

2.**材料与工具**　橡皮筋、塑料袋、记号笔、标签等。

3.**方法与步骤**

（1）按品种、颜色、长度、质量等级将干花花材分类。

（2）将不同类型的干花花材用橡皮筋扎紧，放入塑料袋中。

（3）选择适宜干花花材存放的环境。

（4）处理长期放置有灰尘的干花花材。

4.**训练要求**　每位同学熟练掌握干花花材后期处理的步骤与要点。

项目三　压花花材的采集与制作

【知识目标】

1.掌握常见压花用具的种类和使用方法。

2.掌握压花花材的筛选原则和采集方法。

3.掌握常见压花花材的处理和压制方法。

4.掌握常见压花花材的保色方法。

5.掌握常见压花花材的染色方法。

6.掌握压花花材的保存方法。

【技能目标】

1.能根据作品制作需要选择合理的用具和花材。

2.能处理常见压花花材并压制。

3.掌握常见压花花材的保色方法。

4.掌握常见压花花材的染色方法。

5.掌握压花花材的保存方法。

任务一　压花用具的准备

知识点

1.采集用具的种类与使用方法。

2.压制用具的种类与使用方法。

3.制作用具的种类与使用方法。

技能点

1.掌握压制用具的使用方法。

2.掌握制作用具的使用方法。

相关知识

压花从采集花材、压制花材、构思、进行图案设计到制作成各种精美的艺术品，各个阶段需要使用的材料与工具不同，主要分为采集用具、压制用具和制作用具。

一、采集用具

采集和包装植物材料时使用的材料和工具称为采集用具。

1.刀具　采摘花材时使用的刀具有枝剪和剪刀等（图3.1.1）。

一般来说，采摘草本花卉时，根据花材大小和形状选择不同大小的剪刀即可。但是对于一些坚硬的花茎和枝条，需要使用枝剪。

2.盛花容器　用刀具采摘下来的花材应放置在相对密闭、湿度较大的容器内。盛花容器使用得最多的就是保鲜袋和塑料袋。花材采摘后应分类，每个袋子装一

图3.1.1　枝剪和剪刀

种花材，花材装入塑料袋后，放入吸水饱和的棉花或者纸巾，用橡皮筋将袋口扎紧密封，这样花材就不会失水枯萎。

二、压制用具

处理花材和压制花材时使用的材料和工具称为压制用具。

不同的花材需要用不同的压制方法，不同的压制方法使用的工具也不相同。压制花材的用具包括厚重的旧书、标本夹以及各种各样的压花器。

1.厚书本或废报纸　最简单的压花方法就是将花材夹到厚书本或废报纸中，再用重物施加压力，每天换一次报纸或者将花材换到另外一本书中。在干燥的季节或者干燥通风的地方，这个方法仍然可以使用，它简单易行，经济实用。如广州、北京、天津等城市的秋季，空气相对湿度为30％～60％，这时用厚书本或废报纸压花，效果不错。

2.标本夹　常见的标本夹是由木板、吸水纸、绑带或固定卡扣等组成的。

3.普通压花板　普通压花板由木板、干燥板、海绵组成，是最常用的压花板，吸水性强，压花效果好，适用于压制大多数的植物，而且干燥板吸湿后可烘干继续使用（图3.1.2）。

4.微波压花器　微波压花器由2块微波压花板、4个固定卡扣、2张衬垫和2张衬布组成。使用微波压花器的优点是压制花材迅速，能很好地保持颜色。用微波压花器将花材夹好，放微波炉中数十秒就可以压制成美丽的压花。

一般来说，任何可以用传统方法压制的花材都可以用微波压花器压制。花材的压制时间取决于微波的强度与花材的含水量。花材水分越多需要的时间越长。一般来说，第

图3.1.2　普通压花板

一次用30s，花材如果干了就可以使用，没有干再加5s或者10s，如此加时间就行。注意时间不能太长，一般不超过1min。

　　微波压花器还适用于兰花等部分含水量高的花材，需要借助微波炉使花材迅速脱水至八九成干，再与普通压花板配合使用干燥植物，可起到使压制植物颜色更接近原色的效果（图3.1.3）。

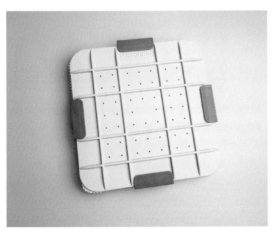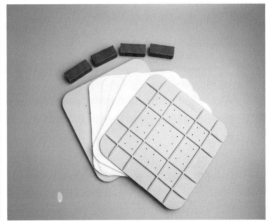

图3.1.3　微波压花器

三、制作用具

　　粘贴花材制作作品时使用的材料和工具称为制作用具。

　　1.制作工具

　　（1）镊子。镊子是夹取花材的工具。镊子有很多类型，有尖头和平头，有弯头和直头，有大有小，可以根据实际需要选择使用（图3.1.4）。

　　（2）刀具。常用的有剪刀、美工刀和解剖刀等，用来裁剪衬底材料或者对花材

图3.1.4　镊　子

做适当的修剪。还有用于切纸的切纸刀（图3.1.5）。

（3）涂胶工具。常用的涂胶工具有解剖针、细竹签、牙签、棉球、化妆棉签、毛笔或小毛刷等（图3.1.6）。

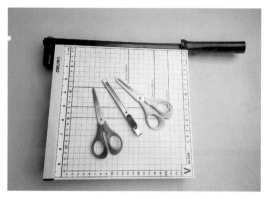

图3.1.5　各类刀具

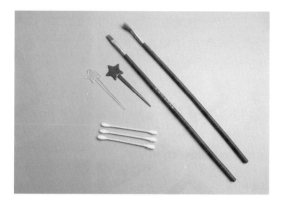

图3.1.6　涂胶工具

粘贴小型压花时，可选择尖细的针状涂胶工具，如解剖针、细竹签、牙签等；粘贴质地较厚实的大型花材、叶材时，可选择比较粗大的涂胶工具，如棉球、化妆棉签、毛笔或小毛刷等。

（4）其他用品。在制作压花制品时还应准备一些软胶片或光滑卡纸，用来挤压花材，以使花材粘贴得更平整和牢固。

2.衬底材料　衬底材料就是制作压花作品时使用的衬底，也就是压花的载体。压花用的衬底材料非常广泛，有纸质衬底材料、木质衬底材料、纤维织物、玻璃和陶瓷等。

（1）纸质衬底材料。制作压花作品所用的纸质衬底材料可选用各种质地和颜色的卡纸、水彩纸、水粉纸、宣纸、板纸、餐垫纸、渐变纸、纹面纸、纸藤，也可用较薄而软的植绒纸、皮纹纸（图3.1.7）。

（2）木质或竹质衬底材料。制作压花作品也可以使用木质或竹质衬底材料，各种木板或竹板以及木质或竹质的家具和装饰品都可以作为压花的载体（图3.1.8）。

图3.1.7　卡纸等纸质衬底材料

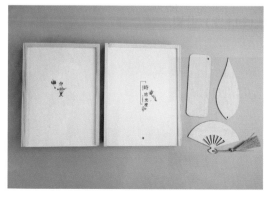

图3.1.8　木质或竹质衬底材料

（3）玻璃和陶瓷衬底材料。玻璃和陶瓷也可作为压花的衬底材料，可以将压花直接粘贴在各种玻璃和陶瓷制品上，如压花玻璃门、压花茶杯、压花瓷砖，也可以直接粘贴在玻璃上，再装入镜框（图3.1.9）。

（4）塑料和蜡质衬底材料。一些塑料及蜡质制品也可以用作压花的载体，如塑料小夜灯、塑料香薰机等。对于硬质塑料，在其表面粘贴压花后需要再粘贴一层保护膜如韩纸膜，再用透花胶在韩纸膜上薄薄地涂抹一层，使花色透亮。对于蜡质材料，在其表面粘贴压花后，可用摩宝胶或蜡油再涂一层封膜（图3.1.10）。

图3.1.9　玻璃和陶瓷衬底材料

图3.1.10　塑料和蜡质衬底材料

（5）纤维织物等衬底材料。一些纤维织物也可以用作压花的载体，如丝绸、牛仔布、亚麻布、粗麻布、印花布、丝带、蕾丝等纤维织物。对于这些薄软的材料，在粘贴压花前应先将其裱糊于更硬挺的厚卡纸或木板上，再粘贴压花，也可以将其放置于木板上直接粘贴压花，但是操作需要特别谨慎。

3.颜料　在对衬底进行背景处理时，可以使用各种颜料，如粉彩、水彩、广告颜料、彩色水笔、彩色铅笔、喷漆等。其中粉彩（也称色粉条）是用得最多的一种颜料。

粉彩是一种不需溶于水或者油，直接使用就可以上色，也可以削成粉状上色的四角棒状颜料。它不需要水彩笔，也不需要调色盘，用刀片刮下其粉末即可直接上色（图3.1.11）。

图3.1.11　粉　彩

4.固着材料　固着材料是用来将压花固着于各种衬底上的材料，包括各种压花用胶、胶膜等。

（1）压花用胶（粘贴剂）。大多数压花画是使用粘贴剂固定的，各种胶水、白乳胶等都是压花的粘贴剂。但并非任何胶都适合固定压花，有的胶在固定压花时容易造成压花变褐、褪色，酸对于干花有保色作用，所以一般应选用含水量少、易干燥的酸性胶液为压花的固着剂。它们不易造成压花变色，且粘贴牢固。使用时需要少量，用在较大面积的物体上粘贴花材时可使用喷胶（图3.1.12）。

①AB胶。由A胶和B胶组成，使用时需按一定比例混合，固化需静置24h或以上。压花钥匙扣、压花项链、压花胸针等常使用AB胶制作。

②UV胶。在紫外光中会固化，固化速度快，用于制作滴胶压花饰品、物品。

③Mod Podge胶。也称摩宝胶，有哑光和亮光之分，用来在玻璃、亚克力、瓷器等表面粘贴花材、保护花材。

（2）胶膜。将胶膜裁剪成适当大小，用来粘贴压花画作品，不透水不透气，同时还对压花有一定的保护作用，效果较为理想。常用的材料有韩纸膜、热裱膜和冷裱膜等。具有半透明效果的韩纸膜可与压花用胶配合使用，使作品有特殊效果。热裱膜，也称为洞洞膜，需要用过塑机或熨斗加热，有较好的延展性，可广泛用于纸、布、木头等表面的压花作品。冷裱膜是最常用的压花保护膜，有哑光和亮光之分，适用于较薄花材制作的压花作品（图3.1.13）。

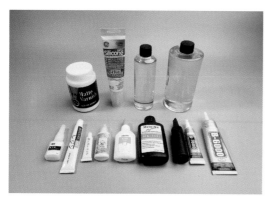

图3.1.12　压花用胶

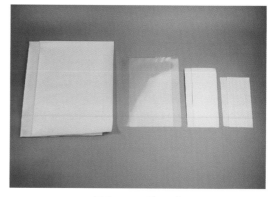

图3.1.13　胶　膜

5.装裱材料与机器

（1）保护材料。压花贴好后，可以用保护材料加以保护，以防止压花变色、褪色和发霉。国内外目前用于压花保护的材料包括热压塑胶膜、干燥剂、干燥板、保护树脂等。

①热压塑胶膜。这是一种与覆膜机配套使用的保护性塑胶膜，其一面涂有固态胶膜，经覆膜机加热加压后可贴覆于压花表面。

②干燥剂。可选用一般的固体干燥剂作为压花的保护剂，但它只适用于具有隐藏干燥剂结构的密封式载体中。例如，装于有后夹层的密封镜框中的压花画可用此方法保护。

③干燥板。前面所述用于压制花材的干燥板也可作为压花作品的保护材料。

④保护树脂。树脂类物质为透明物，可用有机溶剂稀释，涂于画面上，形成一层固体薄膜，起到防水、防摩擦的作用。

（2）画框。画框一般选用市场销售的各种画框即可，也可以根据作者的需要制作木质、纸质、藤质、布质的画框。

（3）装裱机器。装裱机器有卡纸机、过塑机（图3.1.14）、冷裱机、真空装裱机等。

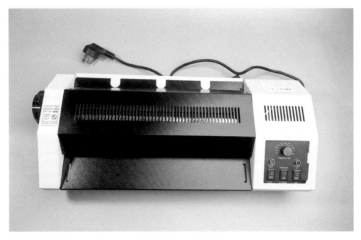

图3.1.14　过塑机

✿ **思考：**

1.采摘花材需要哪些材料和工具?

2.压制花材需要哪些材料和工具?

3.制作压花作品时，需要使用哪些材料和工具?

✿ **技能训练：**

压花用具的使用

1.**训练目的**　掌握常见压花用具的使用方法。

2.**材料与工具**　镊子、剪刀、牙签、各种胶类、胶膜、底衬、切纸刀、过塑机等。

3.**方法与步骤**

（1）镊子、剪刀、牙签等工具的使用。

（2）各种胶类的使用。

（3）胶膜的使用。

（4）切纸刀、过塑机的使用。

4.**训练要求**　每位同学熟练掌握常见压花用具的使用方法。

任务二　压花花材的选择与采集

知识点

1.压花花材的筛选原则。

2.压花花材的采集时期。

掌握压花花材采集的方法与技巧。

相关知识

一、压花花材的选择

自然界中大部分花草都可以用来压花。然而，并不是所有花草都适宜作压花花材。一般来说压花花材的选择有三项标准：一是要具有较好的观赏性或独特性；二是要便于压制干燥；三是压制干燥后仍能保持相应的美感。

在实际应用中，经过大量试验和筛选，总结出以下适合压花的花材筛选原则。

（一）叶片筛选原则

自然界美丽的叶子随处可见，压花采集叶片为叶形叶色较好、厚度适中、不要太大的植物叶片。一般来说适合做压花的叶片具有如下特点：

（1）造型好看，叶片外形轮廓清晰、线条优美，如有漂亮的锯齿叶缘或具明显的叶脉。叶片形状有特色、有艺术感。

（2）叶片大小要适中，厚度要适中。叶片过厚，压制后易变形及变脆；叶片太薄，压制后易夹碎、卷曲和干缩。

（3）叶片质地主要选择草质叶，如月季叶、栾树叶；少量使用纸质叶，如玉簪叶、白鹤芋叶等；不宜使用肉质叶和革质叶。

（4）叶片要完整、无污染、无病虫害。

（5）花叶或彩叶是天然的适合压制的叶片。

压花叶片有以叶形取胜的，如扇形的银杏叶、盾形的旱金莲叶、深裂如羽的茑萝叶；有以叶色取胜的，如灿若黄金的金山绣线菊叶、金边吊兰叶、金叶女贞叶，红似彩霞的火焰卫矛叶、火炬树叶、乌桕叶、茶条槭叶；亦有以花纹叶脉取胜的，如花叶绣球叶、花叶天竺葵叶、彩叶草叶、一品红叶、仙客来叶、网纹草叶等。

（二）花筛选原则

压花中最主要的花材就是花，花序或花瓣是压花的主要材料。

一般来说，适合做压花的花具有如下特点：

（1）宜选用结构简单、平面形态好的花。单瓣、重瓣均可，但花瓣过多，重叠数层，不宜压制。对于花瓣重瓣性强的花，也可将花瓣剥离，拆开压制，或疏除部分花瓣后压制。如花毛茛、太平花、梅花草、美女樱、波斯菊、绣线菊、金盏菊、矢车菊等。蝶形、筒形、袋形花不易制作压花，如豆科植物花、杜鹃花、小菊花等。

（2）宜选用中、小型的花。选用花朵大小适宜的中、小型花比大型花更容易成功，如三色堇、飞燕草、小苍兰、月季、梅花、虞美人、满天星等。

（3）宜选用花蕊数量少的花。花中的花蕊数量多少在某种程度上决定了压制的难易程度，所以在选择花朵时应尽量选用花蕊数量少的花。尽量不选用花蕊细密、花蕊多的花，如金丝桃、黄刺玫等。若作品需要有花蕊多的花，可以在压制时将花蕊摘掉，与花瓣分别压制，粘贴时再将花瓣与花蕊组合在一起。

（4）花瓣厚度要适中，不能太厚或太薄。肉质的花瓣不适合压制，如荷花、睡莲、玉兰的花瓣；太薄的花瓣也不能用，如桃花、杏花的花瓣太薄，压制后会褪色并变成透明的薄片，无法使用。

（5）选择颜色鲜艳、花色素较稳定、压制后不易变色和褪色、易保持本色的花材压花。有的花在鲜活状态时，颜色非常鲜艳漂亮，但压制后不能保持原色，花色素不稳定易分解，如虞美人、杜鹃花、碧桃等。一般橘红色、黄色、蓝色、紫色的花，花色素较稳定，易于压制，颜色也容易保持。而粉红色、红色、鲜黄色、白色的花以及花瓣内含水量高的花，不适宜压花，颜色也不容易保持。

（6）花朵生长健康、无病虫害、不枯萎。

（三）其他植物素材筛选原则

压花除大量选用植物的花、叶外，还可以选用植物的根、茎、藤蔓、卷须、果实、种子等多种部位。经过特殊的加工处理，能成为很好的压花素材，这些素材在压花作品的构图设计中能起到意想不到的艺术效果，为压花作品增添艺术魅力。

1.根、茎、枝条的选择　植物的根、茎、枝条等器官大多比较粗壮、坚硬，不好处理。在压花作品中根、茎、枝条的选择原则如下：

（1）宜选择幼嫩和质地柔软的根、茎、枝条。

（2）宜选择经过压制处理后，易于平整的根、茎、枝条，如麦秆等。

（3）宜选择形态自然弯曲、缠绕和分枝优美的茎和枝条。适度弯曲的茎和枝条在压花作品中能充分体现植物生长过程中自然的曲线美，能为作品的艺术效果增色不少。

2.藤蔓、卷须的选择　较粗壮的藤蔓可参考上述根、茎、枝条的选择原则。有些植物具有漂亮的卷须，如葫芦科植物、莴萝、五叶地锦以及葡萄属植物等。卷须一般比较纤细、柔弱，卷曲的形式多种多样，是极好的压花素材。在压花作品中，恰到好处地利用卷须、藤蔓，在构图中既可以充分体现出生命蜿蜒坚强、攀爬向上的力量之美，又可以表现飘逸、灵动之感，给画面增添活泼、充实的感觉。

3.果实、种子的选择　自然界中大多数植物的果实、种子都具有较硬的外壳和各种外立形。利用植物的果实、种子做压花素材比花、叶困难得多。但它们往往具有特殊的花纹、漂亮的颜色、良好的光泽、极佳的质感，又是其他植物素材不可替代的，如哈密瓜皮、西瓜皮、茄皮、葡萄皮、豆类皮、草莓等。只要通过特殊的处理，就可以使这些素材在压花作品中大放异彩。

4.树皮及自然落皮层的选择　从压花实践中发现，不仅高大乔木的多年生树皮是可以利用的很好的压花素材，而且很多树木的自然落皮层更是上天赐予我们的极好素材。我国幅员辽阔，植物资源丰富，如东北的白桦树、松树，南方的白千层，华北地区的悬铃木、桃树等，其自然落皮层都是压花难得的素材。

二、压花花材的采集

压花中花材的采集是一项重要的基础性工作，只有良好的花材才能制作出完美的压花作品。花材的采集是一项需用心留意、日积月累的工作，要不断地去发现新花材、开发新花材，才能拓宽创作思路，提高压花作品的质量。

（一）花材的来源

压花花材的来源分为两大类：一类是野生植物，凡在户外和山野自然生长的野花都是极好的压花素材；另一类是人工栽培的植物，包括人工栽培的花卉、果树、蔬菜、大田作物等。压花用的鲜花一定要力求新鲜，只有新鲜的花，经过快速脱水、干燥、压平后，才能保持本来的花色长久不褪色。

（二）花材采集的时期

花材采集的时期包含两层含义：一是一年之中最适宜的季节；二是一天之中最适宜的时间。另外还应掌握不适宜采集花材的时间。

1.采集花材的适宜季节　一般来讲，任何时候，只要见到合适的花材，即可采摘，不受季节限制。但要规模化生产压花制品，则应充分了解不同花材的开花季节，即花期。如金盏菊、雏菊、三色堇花期为4—6月；飞燕草、耧斗菜花期为5—6月；蓝盆花、唐松草花期为7—8月；小苍兰、迎春花花期为2—3月等。了解了各种花材的花期，就可以集中在10～15d内大量采集素材，尤其以花期内第一、二批开的花质量最佳。这样既能保证花材数量，又能对花材进行批量处理和压制。

2.采集花材的适宜时间　一天之中采集花材的时间应在上午9时至12时。采集时间过早，花材上带有露水或含水分较多，会影响花材的处理效果和增加脱水、干燥压制的工作量；下午采集，往往当天来不及处理和压制，会导致花材失水卷曲而影响花材质量。原则上应当做到当天采集的花材当天处理完。来不及处理和压制的花材，最好不要从采集容器中取出来，必要时还要洒少许水在花材上，或提供保湿、低温的条件，以防花材失水卷曲萎蔫。

3.不适宜采集花材的条件

（1）要尽量避免在夏季赤日炎炎的中午前后采集，此时植物正处在蒸腾作用最旺盛的时期，采后花材极易萎蔫变形，不易压制。

（2）不宜在阴雨天、雨后或过于潮湿的天气里采集，否则会因花材含水量过高而使压制的工作量成倍增加，甚至处理不当会使花材发生霉变和褐变。

如果因特殊原因必须在这些条件下采集时，应将采集的花材用吸水纸吸干表面水分，阴干后再进行压制。采集大批量花材必须配置干燥设备，如烘箱、烤箱、微波炉等。

（三）花材采集的方法与技巧

压花花材主要来源于人工栽培植物和天然野生植物。进行压花艺术创作的同时还要注意对植物资源的保护，对生态环境的保护。在野外采集花材时，绝对不要破坏整株植物，不要集中在一块地方采集花材，牢记"分散、少量"的原则。因此，在掌握花材采集的方法与技巧的同时，必须树立强烈的环保意识，不能对自然美与生态平衡造成破坏。

1.采集的方法

（1）用剪刀将选好的花、叶、枝、茎等剪下，迅速装入塑料袋内或桶中。严禁整株拔起。

（2）装入塑料袋内的花材，在封口前先让袋中充气，避免花材彼此压伤，然后将袋口扎紧。装入桶中的花材，在桶内放两块湿棉球或浸湿的报纸，然后盖上桶盖，避免水分过量蒸发而使花材萎蔫。

（3）花材采集后应放在阴凉处，一般24h内仍可保持新鲜。

（4）花材采集后应尽快脱水、干燥、压制。当天采集，当天压制，拖延压制将会影响花材的质量。

（5）花蕊内糖分含量高的植物，其内易潜藏蚂蚁等小昆虫，要注意现场清除。

（6）注意特殊花材采集的特点。不同种类的植物在生长发育过程中都有其特点，要根据它们的自身特点进行采集，才能压制出高质量的压花。

2.采集的技巧

（1）野外采集花材时，必须有敏锐的观察力和丰富的想象力。敏锐的观察力是要找到最美丽新奇的花材，丰富的想象力是要在采集花材的过程中，能联想到它适合制作什么作品，哪些花材能与之巧妙搭配应用。因此花材采集的过程也是压花作品创作的一部分，往往一幅绝妙的压花作品灵感正是来源于花材采集之中。

（2）采集花材时，宜保留较长的花梗，因为采摘后并不一定立即处理，较长的梗、茎中含有一定的水分，可以使花材保鲜，以免花材萎蔫。

（3）可以随身携带小册子、笔记本或硬卡纸数张，以便将随手采下的小花材立即压入本册内或硬卡纸中，以防花瓣萎缩。

（4）采集时要注意按照花材的不同器官、不同种类、不同色彩进行分装，以便于花材的脱水压制和分类保管，切不可将新采花材装在一个容器中，既易损伤花材，又给后期的整理压制增加了许多不必要的麻烦。

✿ 思考：

1.什么是压花花材？压花花材的来源有哪些？如何选择适宜的花材来压制？

2.采集花材的具体方法和注意事项有哪些？

3.采集花材有哪些技巧？

✿ 技能训练：

压花花材的选择与采集

1.**训练目的**　掌握常见压花花材的选择原则、采集的方法和技巧。

2.**材料与工具**　剪刀、枝剪、塑料袋、纸箱等。

3.**方法与步骤**

（1）根据所给的压花作品图片选择压花花材的种类。

（2）压花花材采集时间的确定。

（3）压花花材的采集。

4.**训练要求**　每位同学熟练掌握常见压花花材的采集工具和时间、采集部位和长度、采集方法和技巧。

任务三　压花花材的压制

知识点

花材压制原理。

技能点

1.掌握压花花材压制前预处理方法。
2.掌握压花花材分解与处理技巧。
3.掌握压花花材压制方法。

相关知识

压花花材的压制是进行压花艺术创作的第一步。花材压制成功与否，花材压制的质量高低，会直接影响压花作品的艺术效果。无论制作哪种类型、哪种题材、哪种风格的压花作品，其原材料都是平面干燥花材。获得这种花材必须首先对新鲜花材施以外力，并使其迅速脱水干燥，形成平整的外形。掌握花材的压制方法应先明确花材压制的原理，然后选择合适的压制工具对不同花材进行预处理，最后对花材进行分解和压制。

一、花材压制原理

花材经过压制最终达到平整、脱水干燥、保色的目的，无论采用何种工具、何种方法，其基本原理是一致的：就是将花材内部的水分快速脱去，使植物细胞迅速失去活性，终止生命活力，从而达到脱去水分、保持颜色和平整外形的目的。目前世界各地有多种多样的压花工具和方法，从最古老的重石压花、烘箱压花、压花器压花，到先进的微波压花器压花，基本原理不变，只是在不断地改进工具，使花材的压制更快捷、方便，同时更能保证压制后花材的高质量。

二、压制前花材预处理

为了制作优秀的压花作品，在压制之前，应该对花材进行适当的处理，这就是所谓的预处理，又称前处理。

花材多种多样，有容易脱水的，也有不容易脱水的。不易脱水的花材在压制之前必须进行预处理，使之尽快脱水，以便压出上乘的花材，这类花材预处理的要点与诀窍见表3.3.1。花材预处理所需用具有美工刀、砂纸（粗、细）、镊子、剪刀、吸水纸等。

表 3.3.1 难脱水花材的预处理方法

花材类别	举例	处理步骤	处理要点
重瓣花	月季、香石竹、芍药、牡丹、金盏菊	压正面花时，把花茎尽量剪短，间拔过密的花瓣；压侧面花时，把花茎纵切一分为二，一直到花也切成两半，去除花蕊和海绵体，仅剩4～5片花瓣，花蕾一分为二，去除花蕊、花瓣	花瓣密集的花应该间拔掉，疏除过密的花瓣
花瓣太厚的花	蝴蝶兰、石斛兰等兰科花卉	切取花朵，并去掉花茎的髓部，用砂纸轻擦花的里侧及花朵基部；将花蕾切成两半，用砂纸擦破内侧；茎纵向剖开，去除中心部海绵体；用砂纸擦破叶的表皮	花瓣内含有很多水分，要用砂纸将花背面擦破，以利水分渗出
平行脉的叶	郁金香叶、百合叶、石竹叶、水仙叶	用砂纸擦破叶表皮	单子叶植物具有平行的叶脉，气孔少，很难脱水，用砂纸擦破叶表皮，以利尽快脱水
袋状的花	龙胆	去掉花茎上重合的花；将茎纵向切开；花托部分纵向切一个切口；去除子房与花蕊	袋状花中隐藏着含水量高的子房和花蕊，用小镊子将子房、花蕊挑出去，以利脱水
过粗的茎	郁金香、水仙、龙胆、向日葵、绣球	间隔拔掉重合的叶和花；用砂纸擦破叶背和叶脉粗的部位	直径大于3cm的茎应一分为二，或削去茎的1/3

花材压制前还要注意去除残破的花材、破损的花瓣，以及在采后运输过程中因失水、光线变暗而花瓣自动闭合的花（如锦葵）。并注意从花序上剪取花朵时，适当留一定长度的小柄或花筒，可以使压花作品更真实、自然、流畅，一些叶材和花枝、花序、茎秆等根据构图需要，可小心手工弯曲造型，以增加作品的动感。一些非平面形态的花材，可将花朵分解压制。

三、花材的分解与压制技巧

花材的分解需要一定的技巧。不同的花材有不同的分解方法，如果分解不当，压制出来的花材就无法适当地表现该类花卉的美丽，甚至可能不宜使用，就会劳而无功，造成花材浪费。如果仅了解花材如何分解，但技巧不佳，压制完成的干燥花材极可能形状花姿皆不够优美，进行构图设计时，作品不能表现自然界中各种植物固有的繁荣生态之美，或完成的作品缺乏空间感和立体感，使作品质量大打折扣。

花材的分解包括植物学上一朵花的不同部位如花瓣、花苞、花冠、花蕊、花萼、花托、花梗的分解，也包括植物不同器官如叶片、枝条、茎秆、卷须、藤蔓、根、果实、种子的分解。

（一）花瓣的分解与处理技巧

1.分解方法与压制　可分为整朵压、半朵压、分瓣压三种方式。

（1）单瓣或小型重瓣花。可以整朵压，压时要注意花的姿态，即花开放的角度，可分为正面压、侧面压与仰角压三种姿态，如金盏菊、锦葵花（图3.3.1至图3.3.6）。

图 3.3.1　单瓣正面压

图 3.3.2　单瓣侧面压

图 3.3.3　单瓣仰角压

图 3.3.4　重瓣正面压

图 3.3.5　重瓣侧面压

图 3.3.6　重瓣仰角压

　　（2）中大型重瓣花。中大型重瓣花必须分解花瓣，将花瓣一层层、一瓣瓣剥离后分开压，待脱水干燥后重新将花组合起来，如月季（图3.3.7）。

　　（3）花瓣反卷弧度较大的花。可以直接压制，但会使花瓣皱褶。可用锋利小剪刀在弧度最大处剪开1/2长度，使其平坦再压制，如百合（图3.3.8）。

　　（4）冠状花。一般冠状花都具有粗大的基部，含水量大，不宜压制。可以将花冠部分从冠状花颈部剪下，分两段压制，如香石竹（图3.3.9）。

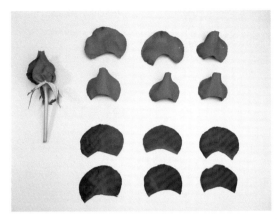

图 3.3.7　月季压制及组合

图 3.3.8　百合压制及组合
1.拆分花瓣　2.剔除花瓣后突起纹脉　3.刻刀或砂纸轻刮花瓣背面　4.压花板压干后组合

图 3.3.9　香石竹压制及组合

常见花材不同压制方法见表3.3.2。

表3.3.2　常见花材不同压制方法一览

压制方法	花材名称
适合整朵压制（花与叶均分开压制）	美女樱、虞美人、小苍兰、文心兰、樱花、百日菊、水仙、白头翁、梅花草、毛茛、非洲菊、桃花、三色堇、雏菊、飞燕草、紫罗兰、波斯菊、梅花、碧桃、三角梅（叶子花）、雨久花、石斛兰、龙吐珠、黑种草、蓝翅蝴蝶草、杏花、榆叶梅、仙客来、紫茉莉、牵牛花、太平花、繁星花、金盏菊、黄槐、一串红、丝瓜花、山梅花、马樱丹、茴香、蕾丝花、补血草、翠雀、小蔷薇、绣线菊、溲疏、微型月季、仙客来
需要分瓣压制	月季、绣球、牡丹、芍药、昙花、香石竹、孤挺花、郁金香、水仙百合、姬百合、香水百合、鹿子百合、山丹、荷花、睡莲、鸢尾、石榴
适合整串（株）压制（花及梗、细叶一起压制）	一串红、满天星、珍珠梅、星辰花、金鱼草、荆条花、紫藤、龙胆、黄花苜蓿、紫花苜蓿、胡枝子
适合半朵压制	石竹、香石竹、各种单瓣和复瓣小型花，构图中需侧面角度时均可半朵压制

2.处理技巧　一般而言，花瓣脱水干燥时间长短应与花瓣厚薄、水分含量有密切关系。花期较长的花不是花瓣厚就是重瓣多，含水量较高，所以干燥的时间较长，如海棠、兰花类、菊花类。相比之下，花期短、花瓣薄、单瓣的花比较容易脱水干燥，如三色堇、毛茛、美女樱等。只要干燥剂性能好，这两类花干燥的时间相差不多。后者只需2～3d、前者需5～7d即可完全干燥。具体方法知下：

（1）质地厚、含水量高的花瓣。如百合类、鸢尾、郁金香、马蹄莲等，为减少水分以利压制，可在花瓣背面或基部，用最细的砂纸在厚的部位轻轻摩擦，擦破表皮，使水分渗出表面，用吸水纸擦干，使花瓣变薄、容易干燥。

（2）管状花。管状花的根基部非常厚实，可用美工刀轻轻削去一部分，使其变薄，以利干燥，如百合类。

（3）压制俯仰角度不同的花。为使压花作品中花的姿态千变万化、丰富生动而且真实自然，在构图中必须注意花开放角度的变化。由于平面构图与立体构图俯仰角度的差异，在压制时应有所考虑，取适当角度后，用纸条和胶带固定（图3.3.10）。

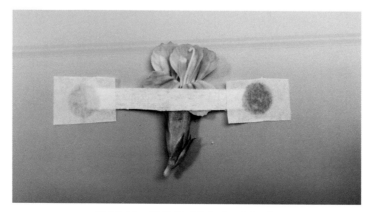

图3.3.10　仰角花固定角度压制示意

（二）花苞的分解与处理技巧

花苞是未开放的花，内含全部花瓣和花蕊，一般比较硬实。小花苞通常采取整朵侧压的方法，用美工刀切成两半，用镊子挑出花瓣、花蕊后分别压制即可（图3.3.11、图3.3.12）。

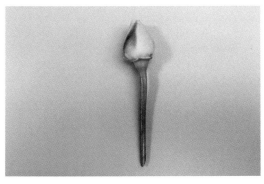

图3.3.11　花苞整朵侧压

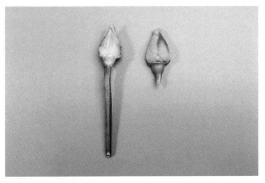

图3.3.12　花苞切半压制

（三）花蕊的分解与处理技巧

中、小型花整朵压时，没有花蕊的分解问题。但要表现侧面仰角时，花蕊部分必须留心压制。但花蕊的数量不必刻意追求完全等同于真花，只要能表现出真实感即可，数量可以酌情减少。但花蕊不太多的如百合花，6枚雄蕊最好完整体现，才更逼真。

厚密量多的花蕊，可用镊子均匀地拔除20%～30%的花蕊，使其变得稀疏，以利干燥。

（四）花萼的分解与处理技巧

表现侧面姿态的花时最好用花萼。一般将花萼从中一分为二，分别压制即可。

有些植物的花萼平面形态优美，是极好的花材，如商陆的花萼颜色紫红，状如梅花，非常漂亮。

（五）花梗的分解与处理技巧

花梗纤细的可整枝压制。花梗较粗的，必须用美工刀从中间剖开，一分为二，去除花梗中的海绵体，并用吸水纸擦拭干净，以利快速干燥。

花梗弧度往往是决定一幅压花作品品质及意境的要素之一。花梗压制必须要有实践经验，多观察、多揣摩、多体会、多了解，就会得心应手。原本笔直不美观的花梗，可用手慢慢弯曲定型，用纸条和胶带固定，以压制出优美的线条。在具体操作中，可以直接在支点位置顺势用力加压，数次之后花梗组织就会变得柔软，其道理如同用加热的办法弯曲竹篾与藤条一样，这样花梗就比较容易弯曲成所希望的弧度与形状（图3.3.13）。

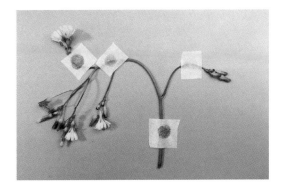

图3.3.13　花梗弯曲定型方法

（六）叶片的分解与处理技巧

在压花作品中，虽然花是主角，但"好花还须绿叶扶"，尤其在自然生态写生风格的作品中，叶片更具有不可替代的作用，而且所占数量比例也较高，因此叶片的处理技巧至关重要。

叶片一般都是整片压，除非有过长的平行叶脉的叶子需截短压制。为了配合压花作品的生动性，可以预先构想叶片在生长状态下的自然形态及构图中的水平角度，并考虑叶片的不同深浅色泽，以及正反、背面、反卷等以求变化，衬托景深和增强立体感。具体技巧见图（图3.3.14至图3.3.17）。

图3.3.14　正面压完整叶片

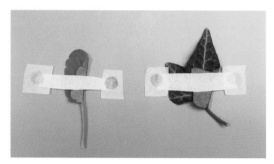

图3.3.15　侧面折边叶片

图3.3.16　仰角折边叶片

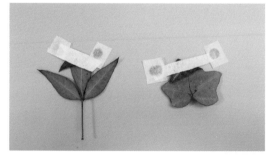

图3.3.17　俯角折边叶片

（七）植物卷须的分解与处理技巧

自然界中一些植物生有漂亮的卷须以利攀缘向上，如葫芦科植物、葡萄属植物以及许多野生植物等。它们都有着优美、自然的曲线，或天然缠绕成螺旋状，形态极为漂亮，巧夺天工，经压制后可成为压花作品构图设计难得的点缀花材。卷须的恰当利用可以为压花作品增添无穷的魅力，提高作品的艺术感染力，使画面更生动、活泼、充实，更富有意境。

不同植物的卷须都可用来压花，但以较纤细柔软的卷须为宜。较粗硬的卷须，因内部木质化程度高，不易压平，加之卷须姿态复杂，不同于茎秆、花梗可用刀、剪剖开一分为二后利用，因此最好不采摘过于粗硬的卷须。稍硬的卷须可加大压制力度。有些卷须在压制过程中可以呈现色泽的改变，也是创作中极好的花材，可以在实践中多多尝试。

（八）蔬菜类花材的分解与处理技巧

在压花中，除应用最多的植物的花、叶外，人工栽培的多种多样的蔬菜同样是可以利用的压花花材。如茄子、番茄、辣椒等茄果类蔬菜的果实果皮、豆科植物的荚果果皮、十字花科萝卜的肉质根、紫菜头的根、甘薯的块根根皮，以及一些鳞茎类蔬菜如洋葱和大蒜、球茎类蔬菜如荸荠等的表皮。这些植物的器官不同于叶片呈扁平状，一般都具有特殊的立体外形，所以在利用它们压制花材时，必须掌握一定的分解与处理技巧（表3.3.3）。

表3.3.3　常用蔬菜类花材分解与处理技巧

蔬菜名称	压制部位	分解与处理技巧	干燥时间
茄子	果实	①宜选用长形茄或椭圆形茄，圆形茄呈球面不宜压制 ②用刀将果实1/3～1/2处切开 ③摘除茄蒂 ④用铁勺和硬币刮除茄肉，只留极薄一层茄皮 ⑤用吸水纸擦干 ⑥增加换吸水纸次数（最好半天一次）	5～7d
辣椒	果实	①用刀或剪刀从中间切开 ②去除辣椒种子 ③用稍大压力压制	3～4d
番茄	果实	①大型番茄用刀切取适当的角度；小型番茄可取1/4～1/3 ②用铁勺和硬币去除番茄肉 ③吸干水分 ④勤换吸水纸压制 ⑤取正面时，使用靠近果蒂的1/5部位压制	5～7d
黄瓜	果实	①用刀从中间剖成两半 ②用铁勺和硬币去除果肉 ③吸干水分勤换吸水纸 ④可以配以黄瓜花压制	4～5d
樱桃萝卜	肉质根	①用刀将萝卜一切两半 ②用刀削离萝卜皮 ③用硬币刮除萝卜皮上的萝卜肉，仅存薄薄萝卜皮 ④吸干水分 ⑤及时换吸水纸	3～4d
胡萝卜	肉质根	①胡萝卜较粗，用刀可切取1/3，但要留有萝卜缨基部 ②其余同樱桃萝卜	3～4d
洋葱	鳞茎	洋葱鳞茎表皮含水量很低，直接剥离后压制	1～2d
大蒜	鳞茎	参考洋葱	
西葫芦（哈密瓜、西瓜、甜瓜等）	果实	①切取适当大小的西葫芦皮 ②用铁勺和硬币去除果肉后吸干水分 ③勤换吸水纸 ④其他瓜类参照此法	5～7d
甘薯	块根	①参照西葫芦 ②也可利用熟后的甘薯皮压制	4～5d 1～2d
马铃薯	块茎	参照甘薯	同甘薯
毛豆、豌豆	豆荚	①剥开豆荚 ②去除荚内种子 ③压制豆荚	2～3d

注：表中所列干燥时间均为自然干燥的时间；蔬菜果实含水、含糖高，建议采用微波压花器压制，可大大缩短压制时间，并能提高压制质量；太皱、太大、颜色不鲜艳的蔬菜不适合压制。

（九）水果类花材的分解与处理技巧

许多水果也可用来作为花材压制，如柑橘、橙、柚、柠檬、芒果、草莓、荔枝、龙眼、葡萄、李子、猕猴桃等。因水果本身大都含糖并且水分多，因此增加了压制的难度，不易脱水干燥，处理不好还容易生虫，表3.3.4为常用的水果类花材分解与处理技巧。

表3.3.4　常用水果类花材的分解与处理技巧

水果名称	压制部位	分解与处理技巧	干燥时间
柑橘、橙、柠檬、柚等	果皮（中果皮、外果皮）	①将果实用刀切取适当的角度 ②用手剥离果实内果肉（植物学上的变态的内果皮） ③用铁勺和硬币刮除果皮上残存的囊状物 ④吸干水分 ⑤勤换吸水纸压制 ⑥注意切果实时要留有果蒂部位，并不可切取面积太大	5～7d
芒果	果皮	①以选取小型芒果为宜 ②其余步骤可参照橘、橙类	5～7d
荔枝、龙眼	果皮	可直接剥取果皮，取适当角度压制	3～4d
猕猴桃	果皮	①宜选取小型猕猴桃，野生软枣猕猴桃更佳 ②其余步骤可参照橘、橙类	2～3d
葡萄	果皮	①用刀切开葡萄粒 ②用硬币去除果肉，仅留表皮 ③吸干水分 ④勤换吸水纸 ⑤葡萄含糖量高，易生虫，去除果肉后用水洗净，晾后再压 ⑥果梗单压	2～3d
草莓	果皮	①用刀切取适当角度 ②用硬币去除果肉，仅留表皮，草莓皮薄、易碎，用力要轻匀 ③吸干水分 ④勤换吸水纸	4～5d
李子	果皮	①用刀切取适当角度 ②用铁勺和硬币去除内部果肉 ③也可直接剥取熟透的李子皮 ④吸干水分 ⑤勤换吸水纸	4～5d

注：表中所列干燥时间均为自然干燥的时间；水果含糖量高、水分多，不易压制，建议采用微波压花器压制，能大大缩短压制时间并提高压制质量。

（十）其他植物花材的分解与处理技巧

植物的各种不同器官部位都可以用来处理作为花材，但在分解和处理上技巧不同，藤蔓、树皮、根、茎、枝条、种子等的分解与处理技巧如表3.3.5所示。

表3.3.5　植物其他部位分解与处理技巧

植物部位	压制部位	代表植物	分解与处理技巧	干燥时间
藤蔓	藤皮	葡萄、紫藤	①宜选较细的藤蔓 ②用刀从藤蔓内侧切开 ③用刀将藤蔓内木质部分取出 ④用110℃电熨斗垫在旧报纸上熨烫 ⑤将藤蔓两端折起 ⑥可将两条藤蔓皮缠绕成麻花状后再压制 ⑦需20～30kg重物压实	2～3d
枯木	枯木皮	任何枯木	①去除枯木内侧小虫、虫卵、泥土、杂物等 ②用水洗净枯木、晾干 ③其余步骤参照藤蔓 ④太厚的树皮可用刀削薄 ⑤可剪切成不同大小的块来压制	2～3d
树皮	树皮	白桦树、松树、柳树等	①选取适宜的部位 ②用锋利的刀切取树皮 ③用刀切除树皮内的韧皮部，仅留较薄的表皮 ④用熨斗110℃去除一部分水分 ⑤用20～30kg重物压实 ⑥从活树上取皮会伤及树木，不提倡大量应用	2～3d
落皮层	自然落皮层	白千层、二球悬铃木等形成自然落皮层的树木	①可在地面或树体上选取自然脱落的落皮层 ②落皮层含水量较低可直接用重物压制 ③提倡大量应用，可变废为宝	2～3d
根	根皮	任何植物	①草本植物可洗净泥土后，晾干直接压制 ②木本植物根较粗硬，可参照藤蔓	2～3d
枝条	表皮	木本植物	①选取较幼嫩或质地柔软的枝条，直接用重物压制 ②选取自然弯曲、缠绕或分枝漂亮的枝条，直接用重物压制 ③较粗大的枝条参照藤蔓	2～3d
种子	种皮	大型种子如豆类及其他植物	①新鲜种子可用刀切开，剥离种皮压制 ②干种子需用水泡后，剥离种皮压制	2～3d

四、花材的压制

压制花材时可用书本简单压制，但借助压花板能更好地压制花材，压花板的原理是利用强力吸水干燥板，通过木板和绑带施压，使新鲜植物迅速脱水压干，从而尽可能保持植物原有的色泽和形态。

（一）普通压花板压制

普通压花板由底板、干燥板、海绵、吸水纸组成，压制2～5d后植物可彻底干燥。压花板根据样式设计不同，使用方法会略有不同，具体使用时请参照所购买的压花板的使用方法（图3.3.18）。

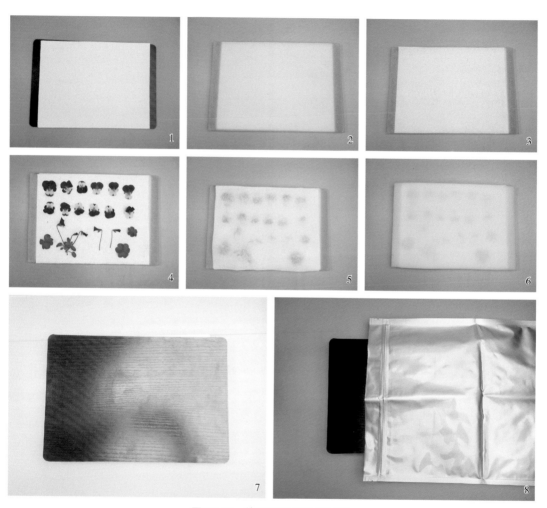

图3.3.18　普通压花板压制过程
1.木板上放干燥板　2.干燥板上放海绵　3.海绵上放吸水纸　4.吸水纸上放处理好的花材
5.花材上再覆吸水纸　6.吸水纸上面放海绵　7.重复步骤2～6最后放木板　8.压花板放入自封袋中

（二）微波压花板压制

微波压花板由透气板、毛毡、棉布、吸水纸组成。微波压花板适用花材较广，可以借助微波炉使花材迅速脱水，也可与普通压花板配合使用，先用微波压花板使花材脱水至八到九成干，再用普通压花板使花材进一步干燥。但对部分花材来说，微波压花板会使压制花材颜色变深。

微波压花板借助微波炉使用时，一般微波炉均使用高火，在微波炉中时间的长短根据花材的薄厚、含水量的多少以及微波炉的功率而定，需要尝试并进行调整，一般初次烘干一种植物以30～50s尝试为宜。微波压花板从微波炉中取出后，轻轻地将覆盖在花材上的一层棉布取下让花材透气，检查植物的干燥度，如已八至九成干即可不再加热，对于干燥度不够的植物需要再次加热，再次加热前需擦掉塑料透气板上的水蒸气，并使毛毡上的水分快速蒸发（图3.3.19）。

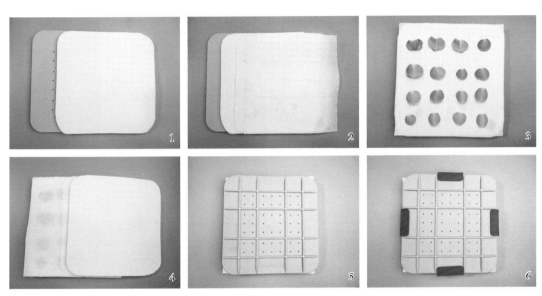

图3.3.19 微波压花板压制过程
1.透气板上放毛毡 2.放棉布、吸水纸 3.放处理的花材
4.放吸水纸、棉布、毛毡覆盖 5.放透气板 6.卡扣卡好四边

❀ **思考：**

1.花材压制的原理是什么？
2.什么是压制花材前预处理？举例说明花材的预处理。
3.举例说明不同花材的分解与处理技巧。

❀ **技能训练：**

压花花材的分解与压制

1.**训练目的** 掌握常见压花花材的分解与处理技巧。
2.**材料与工具** 花材、剪刀、压花板等。
3.**方法与步骤**
(1) 花瓣、花苞、花蕊、花萼、花梗、叶片等的分解。
(2) 压制。
4.**训练要求** 每位同学熟练掌握常见压花花材的分解与压制方法。

任务四　压花花材的保色

知识点

1.压花花材的物理保色法。
2.压花花材的化学保色法。

技能点

1.掌握压花花材的物理保色法。
2.掌握压花花材的化学保色法。
3.掌握压花花材的物理化学综合保色法。

相关知识

花材压制过程中，有时能够得到颜色漂亮的压花，但有时花和叶片会褪色、变色，因此要做好花材的保色工作。

一、植物材料在干制过程中的色变现象

压花材料在干制过程中常会发生色泽的变化，称为色变现象，可分为以下几种类型。

1.褐变现象　　植物材料在干制过程中出现的颜色向褐色转变的现象，称为褐变现象。

2.褪色现象　　植物材料在干制过程中和干制以后，常会出现花瓣无任何颜色的情况，称为褪色现象，如黄色的迎春和连翘、蓝色的桔梗等，干制后或装饰过程中往往变为无色。褪色现象还常伴有褐变现象。

3.颜色迁移现象　　在植物材料的干制过程中，常出现颜色的较大变化，称为颜色迁移现象。如紫红色的美女樱变为蓝色，粉红色的锦葵变为淡紫色，粉色的桃花变为淡紫色。

4.色泽由浅向深的变化　　植物材料在干制过程中基本保持原色，只是由于水分的丧失导致色泽变暗，在视觉效果上表现出颜色由浅变深，如鸡冠花、孔雀草等。

二、引起植物材料干制过程中色变的外界因素

1.水分　　水分既是植物材料干制过程中引起色变化学反应的底物，又是多数反应过程中的介质。水分含量的多少往往与植物材料在干制过程中发生色变现象的速度和强度呈正相关。

2.温度　　温度对植物材料干制过程中色变现象的影响是多方面的。当温度升高时，酚类色素的稳定性下降，微生物活跃程度和酶活性显著增强，化学反应加速，使植物材料的色变加剧。

3.氧气　　氧气是细胞内各种化学反应的重要底物，氧气含量高，反应速度加快。吡

咯色素、酚类色素均易被氧化，从而破坏原有的颜色，并伴随着褐变和褪色现象。

4.光　光是促成光敏氧化反应和光解作用的主要因素，特别是紫外线。在干制和保存过程中，含有酚类色素的植物材料常会发生较强烈的光氧化反应和光解作用，从而使色素分解而褐变、褪色。因此，受光的影响造成的褐变现象常出现于干燥花的保存过程中以及装饰应用后。

5.微生物　在干制过程中，微生物的存在不仅会引起植物材料的变质腐烂，而且微生物代谢活动的产物还会参与色素的降解反应。微生物常因水分含量较高而活跃。

综上所述五种因素，可以看出这些因素往往不是单独作用于色变过程中，而是综合作用。有时为了控制一种因素的影响，往往又制约或增强了另一种因素的影响。如利用提高温度的办法可以加快水分蒸发的速度，加快花材干燥的进程，有利于保色。但是，温度升高又提高了微生物和酶的活跃程度，并使得一些热稳定性较差的色素受到破坏，从而造成褪色与褐变。所以在选择保色途径时，应充分考虑到多种因素的综合影响。

三、植物材料的保色方法

在植物材料的干制过程中，能否尽量保持其原有的色彩，达到理想的观赏效果，是干燥压花制作技术的关键。从保色的途径上，可以将保色的方法分为物理保色法和化学保色法两大类。

（一）物理保色法

利用控制如温度、湿度、光和干燥介质中的氧含量等外界环境条件，保持植物材料鲜艳色泽的方法称为物理保色法。物理保色的基本方法有以下几种：

1.高温减压保色法　通常需要使用具有加热能力的减压干燥箱，温控范围为80～100℃，减压范围可控制在0.04～0.08MPa。此法适于以热稳定性较强的类胡萝卜素、金属络合花青素为主要呈色因素的植物材料。

2.低温减压保色法　通常需使用低温冷冻干燥机，温控范围以0～5℃为宜。此法适于含热稳定性较差的酚类色素和易发生非酶褐变的植物材料，如梨花等。此法的干制速度较高温减压干燥法慢，但是保色效果好。

3.微波干燥保色法　使用微波炉及微波压花器，以造成植物材料内温度高于外界温度的效果，使水分迅速蒸发。此法适用于含有热稳定性较强的色素的植物材料。

现代物理保色方法的综合利用，其保色效果远远高于单一保色方法。

（二）化学保色法

通过化学药剂与植物材料的色素发生化学反应，保持或改变原有色素的化学结构和性质的方法称为化学保色法。化学保色的基本方法有以下几种：

1.绿色枝叶的保色方法　主要是利用酸处理的方法，将叶绿素分子结构中金属离子解离出来并以铜离子取代。根据叶子的厚薄、多少、颜色深浅，采用5%至饱和的不同浓度的硫酸铜溶液煮制。将配好的溶液加热至85℃或沸腾后投入枝叶，叶色由绿色变褐再变绿，直至恢复原色。此时将叶子捞出，用清水冲洗，即可压制干燥。此法处理的叶子鲜绿，但刺激气味大，在没有通风设备的条件下不宜采用。

2.花色的保色方法　主要利用调整植物材料内pH和用金属离子络合的方法，以及用药剂促进细胞内胶体状态的生成，从而提高色素的稳定性。常用的药剂有酒石酸、柠檬酸、明矾、氯化锡、氯化亚锡、蔗糖、亚硫酸等。柠檬酸、酒石酸可使植物材料 pH 下降，使花青素类色素较好地保持红色；明矾、氯化锡、氯化亚锡可作为提供络合金属离子的试剂，同时还起到胶核的作用；蔗糖的作用主要是提供胶体状态结构。亚硫酸处理主要是提供巯基保护蛋白质稳定性，防止过多游离氨基酸的产生，同时可抑制酚酶将酚氧化成醌类聚合物，亚硫酸还是较好的还原剂，可在酶失活前抑制色素的酶促氧化作用，达到防止褐变的效果。

药剂处理可分为内吸法和浸渍法。内吸法是将植物材料的茎浸泡在药剂中，使其通过输导组织内吸，处理时间为5～15h。浸渍法多是将植物材料浸渍于药剂中，处理时间为15～40min。不同种类的花处理时间不同，直到花朵色素有少量渗出时为止，要灵活掌握。内吸法的优点是处理后干制较为便利，干燥速度也较快，但吸入往往不均匀。浸渍法可充分渗透到整个植物组织中，处理效果均匀，但处理后干燥速度慢，且给干燥制作带来极大的不便，还要注意把多余药剂用吸水纸擦掉，否则保色效果不均匀。不同颜色的花朵有以下不同的保色方法：

（1）红色花保色法。

①保色液配方。氯化镁10g、氯化锡20g、亚硫酸2mL、明矾10g、硼酸10g、三氯化铁20g、福尔马林10mL、蒸馏水 1 000mL。

②操作方法。将采集的花朵投入保色液中，为了防止花朵散落，可以将花朵事先展平夹在滤纸中，滤纸的大小就容器的大小而定，一般为10cm×10cm左右。将多张夹有花朵的滤纸重叠在一起，用棉线捆住，然后浸入保色液内。花瓣也可以采用这种方法。

③压制。花朵浸泡1h后，取出用吸水纸吸干水分，进行整理和压制，经常换纸直至干燥为止。

④可选用的花材。一串红、千日红、蔷薇、玫瑰、月季、象牙红、扶桑等的红色花朵。

（2）黄色花保色法。

①保色液配方。氯化镁30g、氯化钠10g、乙酸10mL、明矾5g、甘油20mL、福尔马林20mL、蒸馏水 1 000mL。

②操作过程。将花夹在滤纸中在保色液内浸泡1h左右，取出漂洗干净后压制。

③可选用的花材。金盏菊、万寿菊、油菜等的黄色花朵。

（3）紫色花保色法。

①保色液配方。氯化镁15g、醋酸铜5g、明矾2g、硼酸5g、小苏打1g、氢氧化钠5g、三氯化铁10g、福尔马林10mL、蒸馏水 1 000mL。

②操作方法。将花夹在滤纸中放入保色液内浸泡2h左右，取出漂洗干净后压制。

③可选用的花材。紫红色的花朵，也可用于乌桕红叶、槭树类红叶、枫树红叶、香樟红叶等叶片的保色，但浓度应增加一倍，浸泡时间约3h。

（4）白色花保色法。

①保色液配方。氯化镁50g、氯化钠5g、乙酸20mL、亚硫酸5mL、明矾5g、饱和硫酸铜溶液10mL、蒸馏水 1 000mL。

②操作方法。将花夹在滤纸中放入保色液内浸泡1h左右，取出漂洗干净后压制，有条件的还可将花朵在30%双氧水中浸泡20min，然后流水漂洗后压制。

③可选用的花材。梨、李、栀子、白山茶、水仙等的花朵。

（5）杂色花保色法。

①保色液配方。氯化镁60g、氯化钾10g、氯化钠15g、碳酸钠20g、明矾15g、氢氧化铝25g、氢氧化钾10g、福尔马林30mL、饱和硫酸铜溶液50mL、蒸馏水1 000mL。滤去沉淀。

②操作方法。将花夹在滤纸中在保色液内浸泡1h左右，取出漂洗干净后压制。

任何植物材料的最佳化学保色方法均有其特殊性，需要在实践中不断摸索。化学保色法多是以物理保色法为依托的，而物理保色法若结合化学保色法则效果更为理想。现代的保色方法往往是综合两种方法优势而形成的，如在微波干燥保色法处理前往往要用化学保色法进行预处理，因此在选择保色方法上要综合考虑，灵活运用。

✿ 思考：

1.简述绿色枝叶的保色方法。

2.简述红色花的保色方法。

✿ 技能训练：

压花花材的保色

1.训练目的　掌握常见压花花材的物理化学综合保色法。

2.材料与工具　红色花材、微波炉、微波压花器、氯化镁、氯化锡、亚硫酸、明矾、硼酸、三氯化铁、福尔马林、蒸馏水等。

3.方法与步骤

（1）红色花材化学保色法预处理。

（2）微波干燥保色。

4.训练要求　每位同学熟练掌握常见压花花材的保色方法。

任务五　压花花材的染色

知识点

1.压花花材染料的种类。

2.压花花材涂料的种类。

3.压花花材染色的方法。

技能点

1.掌握压花花材浸染法。

2.掌握压花花材活植株吸色法。

3.掌握压花花材手工上色法。

相关知识

压花画的色彩主要由植物材料（包括植物材料的原有色彩与造型）、画面背景及画面构图三要素组成。有效地运用色彩，就能使压花画的内容与形式更趋于完整，更能引人入胜。为了更好地制作出一幅压花画，使其光彩夺目，只靠花材保色达不到画面色彩的要求，但并不鼓励把花染得面目全非，而是在提升颜色同时看起来越接近自然越好。因此还要增加一些染色手段，以便得到一些理想颜色的花材。

染色是用色料渗入花材组织中或附着于花材表面，使花材着色的方法。色料渗入花材内使其着色的方法称为染料染色，通常说的染色一般即指这类方法。色料附着于花材表面的着色方法称为涂料染色。

一、压花染色常用染料和涂料

（一）染料

压花的常用染料均为可使纤维着色、染色容易、操作方便的染料。

1.直接染色的染料　此类染料易溶于水、色谱齐全、匀染性好，但色泽不够鲜艳。

2.活性染料　能溶于水、有良好的匀染性、色谱齐全、色泽鲜艳、使用方便、染色牢度好，但染料利用率不高，染深色较困难。国产活性染料有X型、K型、KD型、KN型、M型等，其中X型和K型不可混用。

3.还原染料　又称士林染料，不能直接溶于水，需在碱性还原液中使其还原为可溶性隐色体钠盐后，才能上染纤维，再经氧化还原为不溶性染料固着于花材上。它与纤维有良好的亲和力，染色鲜艳，耐晒，但缺大红色。

4.硫化染料　不溶于水，可在硫化碱溶液中还原成隐色体溶于水被纤维吸附，经氧化后重新生成不溶性染料固着在花材上。硫化染料染色不够鲜艳、色谱不齐全，缺红色、紫色，上染率较低。

5.不溶性偶氮染料　两种有机化合物在纤维上结合而成的染料，色泽浓艳，得色量高。

6.阳离子染料　溶解后可生成色素阳离子，属碱性染料。该染料染色鲜艳、得色量高、易染深色、日晒色牢度好、耐热。在稀酸热溶液中溶解度高，冷却后溶解度下降易析出。此类染料用于干花染色效果最好。

（二）涂料

1.粉彩　一种油性彩色绘画工具，与蜡笔外表相似，但其纸面的附着力、覆盖力更强，能展现油画般的效果。

2.颜料　丙烯颜料和油画颜料等。丙烯颜料是颜料粉调和丙烯酸乳胶制成的，有速干、颜色饱满、持久性长的特点。油画颜料由颜料粉加油和胶搅拌研磨而成，能根据工具的运用而形成画家想要达到的各种形痕和肌理。

3.马克笔（油漆笔）　用来书写和绘画的彩色笔，笔头坚硬、附有笔盖、含有墨水。颜色丰富，多达上百种，生产商按照每种色彩的使用频率将它们分为不同的系列。按笔头分，有纤维型笔头和发泡型笔头；按墨水分，有油性、酒精性和水性之分。

二、压花花材的染色

（一）浸染法

浸染法通常用来染制质地较软的花材，该方法染色效果好，所染花材用来制作压花画非常适合。

浸染法一般用天然色素等易被植物材料吸附的染料进行染色。浸染法的工艺流程为调制染液→浸染→固色→水洗→烘干。

调制染液时应边调边试，直至达到所要求的色彩后再进行染色。如为工业化生产，大量浸染前先做小样浸染试验，确定染料配方后再进行大量染色。浸染时应注意着色期的控制。用温度较高的热水兑制染液可提高染色品质。

1.酸性染料的染色方法　酸性染料染色方便、得色深浓、色谱齐全、价格低廉。取酸性染料适量用90℃的热水溶解，降温至室温，取花材放入器皿中，慢慢加热至40℃，使浸染时间达到30min，此段过程也可以将器皿放置在真空干燥箱中，这样可以提高上染率。如果所染制的花材质地较柔软，要将花材用硫酸纸夹起来再放入染液中。染色均匀时，将花材取出，在清水中除去表面多余染料，放在吸水纸上吸干水分，再用压花器压制，将压花器放在温箱中进行干燥，8～12h即可干燥。也可以选择其他染料进行花材染色，无论哪种染料使用时都要完全溶解后再浸染花材。

2.碱性染料的染色方法　将适量碱性染料用90℃的热水溶解，降温至室温，取花材放入器皿中数分钟，根据上染材料的纤维粗细选择染色时间，纤维较厚的花材染色时间在10min左右，薄而软的花材会在1～2min上色。特别薄的花材不能采取浸染的方法上色。

（二）活植株吸色法

活植株吸色法是利用植物根系或茎部的维管束等组织，吸收溶液中的色素进行染色的方法。所用染料为离子型染料，因为只有离子型染料溶于水后容易被植物吸收。在生产过程中，多用食品色素做染料，原因在于食品色素的分子质量较小，溶于水后可随水被根系或植株吸收，很快被输送到植物表面上来，呈现出不同的颜色，干燥后能够长期保存。另外就是食品色素无毒、无污染，生产出的干燥花可成为消费者信得过的商品。活植株吸色的效果主要取决于植物本身的特性，有些植物的果穗和花朵易吸收色素，有些植物吸收色素困难，有些植物根本不吸收。一般来说植物的茎、叶易吸收人工色素，果穗和花朵不易吸收，所以自然干燥花的活植株吸色是植物"自愿"吸收染料，因而更加接近自然。

1.茎吸染　茎吸染是活植株吸色使用最普遍的方法，设备简易，工艺简单，可用此方法生产自然干燥花，也可用此方法对自己喜欢的花卉进行吸色、干燥，制成工艺品在家中观赏。茎吸染是利用维管束吸收原理，将植物从根部割断或根据所需长度剪断，再将基部5cm左右浸入装有染料的水或溶液中，植株吸收水分不断蒸发，染料随水进入植物体内，再随水分的蒸发将染料带到植物表面，从而呈现出不同颜色（图3.5.1）

由于茎吸染是从里往外染，所以植株表面不易掉色，水中染料浓度可随染色深浅的要求而变动，一般来说浓度越低，染色时间越长，植株染色干燥后越有自然感。但浓度太低会影响染色效果，有时植株着色还未达到理想程度，植株本身就已失去生命力，维管束失去吸收功能，从而使茎吸染失败。一般染料浓度控制在5%左右最为适宜，吸染时间为2h，温度以20℃以上为宜。

图3.5.1　活植株吸色（茎吸染）

2.分段茎吸染　一般情况下，压花用植株的花与叶颜色是有区别的。可以先将活植株基部浸入到花的颜色染料中，植株接近全部着色时取出，用清水洗净基部，再放入茎部所需要的染液中，4h后，即可得到茎、叶、花不同颜色的花材。将吸染好颜色的植株分部位进行压制，干燥后即为压花材料，制作压花画时可以直接采用。

分茎段吸染法使用得当的情况下可创作出极为美观的自然花材，由于花材颜色的不确定性，增加了花材的品种多样性，也增加了压花爱好者的创作乐趣。这种方法是压花染色的最好方法。

为加快植株的着色速度，可将酒精溶于水，配成10%的酒精溶液，该溶液易被植物吸收，将水、酒精、食品色素混合，被植物吸收后，由于酒精的挥发作用，植物蒸腾作用加强，植株的着色速度也会加快。

采用活植株吸色方法，根据花材的上色程度将花材及时压制，即可获得相同颜色、不同色差的同色系花材。

（三）手工上色法

有些材料难于使用浸染法或吸色法染出自然的色彩，手工染花材可以解决这些问题。

1.粉彩、颜料上色　可以用软粉彩和颜料（图3.5.2、图3.5.3）。例如，榉树叶粉彩上色效果就很好，但大多数植物材料没有足够的"牙齿"来咬住软粉彩。粗糙叶片是一个较好的选择。

图3.5.2　粉彩上色

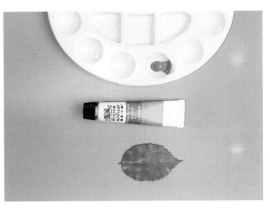

图3.5.3　颜料上色

　　2.染料上色　可以用丝绸染料手染银叶菊。用一个小软毛笔均匀地给银叶菊上色，等到染料干后可用普通压花器压制。

　　3.马克笔（油漆笔）上色　马克笔（油漆笔）染花材的方法很简单，可以全染，也可以沟边（图3.5.4）。它有很多不同的颜色，只不过马克笔不防晒，但它仍然是一个能够使暗淡颜色的花材变得光鲜一些的简单方法。

图3.5.4　马克笔上色

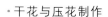

 思考：

1. 简述压花花材染色染料的种类。
2. 压花花材染色的方法有几种？分别是什么？

技能训练：

压花花材的染色

1.训练目的 掌握常见压花花材染色的方法。

2.材料与工具 压花花材、染料、涂料、玻璃器皿、毛笔刷等。

3.方法与步骤

（1）压花花材的浸染。

（2）压花花材的活植株吸色。

（3）压花花材的手工上色。

4.训练要求 每位同学熟练掌握常见压花花材三种染色方法和步骤。

任务六 压花花材的分类与保存

知识点

压花花材的分类。

技能点

掌握压花花材的保存方法。

相关知识

经脱水、干燥、压平后的花材是制作压花艺术品的原材料，必须妥善保存，才能取用方便快捷，保存的过程中要保证花材的质量。在大批量制作压花作品时，花材保存的问题显得尤为重要。

一、花材的分类

花材的分类保存是为了取用方便，如果所有的花材都放置在一起，使用时必然难以寻找。因此必须按照花材的颜色、形状、大小、花材性质（如团块状花材、线性花材、点缀花材、特形花材）进行分类，建立档案，编制花材目录，然后保存。

1.花 将花细分为花瓣、小型整朵花、中型整朵花、小型半朵花、中型半朵花、不同颜色花、花萼等。

2.叶片 可细分为掌状叶、羽状复叶、单叶、不同颜色叶、平行脉叶等。

3.特殊花材 如树皮、落皮层、卷须、以及特殊花形的花材如马蹄莲、花烛等。

分类后的花材在保存前还需进行一次精选。精选时用镊子夹取花材放在干净的吸水本内（用白色吸水纸装订而成），也可用旧杂志、报纸代替。将花材不重叠地平放于本内。夹好花材的本外放一层硬纸板，最好施压少量重物，以保持素材平整、干燥，也可以用橡皮圈或尼龙绳将本捆紧。在花材本外编号或贴一标志花材，以利辨认。更方便的办法是将各类花材分装在透明自封口塑料袋内。

二、编制花材目录

按照花材的不同类别编制出花材目录（目录内也可粘贴上花材样品），建立花材档案，以利使用时查找。

三、花材的保存

压制好的花材需要妥善保存，尽量保持干燥，隔绝空气中的水分和避免紫外线照射，包装好的花材可以数十年保持其形态与色泽。

1.密封盒保存法 此方法需要密封盒、变色硅胶、自封袋、硫酸纸等材料。

（1）将压制好的花材用硫酸纸（其他半透明纸可替代）包好。

（2）将包好花的纸袋放入自封袋中。

（3）可在自封袋上贴标签注明植物的来源、压制时间。

（4）将硅胶装入纱袋中。

（5）将封好的花材放入密封盒中，并放入硅胶干燥剂。

（6）盖上密封盒盖子，密封盒中的硅胶干燥剂需要定期进行再干燥。

2.花材保管袋保存法 花材保管袋由自封袋、透明可视纸夹、干燥板组成（图3.6.1）。

（1）将压制好的花材用硫酸纸（其他半透明纸可替代）包好。

（2）将包好花的纸袋按照个人习惯分类放入透明可视纸夹中。

（3）将放好花材的透明可视纸夹、干燥板放入自封袋，排出空气封好，干燥板需定期取出再干燥。

（4）在潮湿地区，为更好地保持干燥环境，可将花材保管袋放入密封盒中。

图3.6.1 花材保管袋保存法

要使花材长久保持干燥而且不变色，存放花材的地方必须干燥、避光、不透风，并要注意防虫蛀、霉变。为防止虫蛀可放少许灭虫药物如樟脑。保存花材最好全封闭式，以防透光，以封闭的抽屉式柜子最好，可在每个抽屉内放置一小袋用纱布袋装的变色硅胶以防潮。

经过微波处理的花材可长久保存。微波杀菌是电介质热力杀菌的一种。微波能被金属反射，被水吸收。微波处理时，花材、细菌、霉菌都成为电介质。当花材和这些微生物在短时间内吸收微波的高能量时，会使体内温度快速升高达到致死温度，从而达到杀死各种微生物及害虫的作用。对于非微波处理干燥压制的花材，也可在保存前用微波处理3～5s，同样可达到长期存放的效果。

存放花材的库房可用福尔马林熏蒸消毒。封闭库房，将福尔马林放在酒精灯上加热2～3d，利用蒸气熏杀，半年一次。

✿ 思考：

花材的保存方法有几种？分别如何操作？

✿ 技能训练：

压花花材的分类与保存

1.**训练目的** 掌握常见压花花材的分类与保存方法。
2.**材料与工具** 压花花材、花材保管袋、密封盒等。
3.**方法与步骤**
（1）压花花材的分类。
（2）压花花材的保存。
4.**训练要求** 每位同学熟练掌握常见压花花材的分类与保存方法。

项目四 干花艺术作品的制作

【知识目标】

1.掌握常见干花花材处理技法。
2.掌握干花插花作品的立意构思和构图设计。
3.掌握干花装饰品的设计技法。

【技能目标】

1.掌握根据作品制作需要处理干花花材的方法。
2.掌握根据环境和需要设计制作干花插花作品的方法。
3.掌握根据环境和需要设计制作干花装饰品的方法。

任务一 干花花材处理技法

知识点

干花花材的加工技法。

技能点

1.掌握延长花茎的方法。
2.掌握延长叶茎的方法。
3.掌握缩短叶茎的方法。
4.掌握叶茎造型的方法。

相关知识

一、花和果实的加工

部分干燥后的花，因水分的散失，花茎会变得较为纤细柔软不够坚实，还有些没有花茎或花茎较短的花，都可以利用铁丝或自然茎增加其长度与硬度，方便后续的使用。

1.短茎花　茎部过短的花、零散的小花和果都可应用铁丝增加其长度。

（1）玫瑰。

①将玫瑰花茎斜剪，以便后续衔接铁丝时交接处可以较为平顺。

②依需求挑选合适粗细的铁丝，与花茎对齐放在一起。

③用胶带由上往下以螺旋状方式将铁丝与花茎整个包覆住（图4.1.1）。

图4.1.1　铁丝延长玫瑰花茎法

（2）绣球。

①依需求挑选合适粗细的铁丝，穿过绣球分枝的花茎中央。

②将铁丝向下弯折缠绕两圈，贴合花茎后顺直。

③在分枝点的上方，用胶带由上而下以螺旋状方式将铁丝与花茎整个包覆住（图4.1.2）。

图4.1.2　铁丝延长绣球花茎法

2.无茎花

（1）康乃馨。

①依需求挑选合适粗细的铁丝，穿过康乃馨的花托，若花托过于窄小则穿过花托上方。

②将铁丝向下弯折顺直，大多数干燥无茎花材较为脆弱，无须将铁丝扭转缠绕，以免花头断落。

③用胶带由上而下以螺旋方式包覆好（图4.1.3）。

图4.1.3　铁丝延长康乃馨花茎法

（2）松果。

①依需求挑选合适粗细的铁丝，水平绕过松果尾端处。

②将铁丝绕过松果半圈后，往底部的中央处扭转缠绕至尾端。

③将铁丝剪短，再将自然茎与铁丝对齐，两者相贴部分，用胶带由上而下以螺旋方式包覆好（图4.1.4）。

图4.1.4　铁丝制作松果花茎法

（3）柠檬片。

①依需求挑选合适粗细的铁丝，穿过柠檬片。

②将铁丝下折，扭转缠绕至尾端（图4.1.5）。

图4.1.5　铁丝制作柠檬片花茎法

二、叶片的加工

擅用各种叶片能让作品展现更多层次的变化，但有时需要预先做一些局部的处理与加工，以便后续运用。除了直接取叶片使用之外，还可以运用不同的技巧，改变原本叶片的造型与姿态，以进行更多不同的运用。

1.长度过长的叶片

（1）芒萁。

①叶片若过长，可剪除部分叶尾，保留优美叶尖。

②剥除下方多余的复叶，让操作更加便利（图4.1.6）。

图4.1.6　芒萁叶片过长处理

（2）朱蕉。

①叶片若过长，将过长的叶尾剪除。

②沿着叶脉的两侧修剪至想要的长度后，再将多余的叶片剪除，并将叶缘修成弧形（图4.1.7）。

2.叶柄过短的叶片　叶柄短或几乎无柄的叶片，可用铁丝加工增加叶柄长度。但干燥的叶片大多脆弱且易碎，不适合以铁丝穿过叶片的加工方法，可先用热熔胶固定再进行加工。

①叶背朝上，在叶基部粘取适量的热熔胶，依需求挑选合适粗细的铁丝粘贴固定。

②用胶带由上面下以螺旋方式包覆好（图4.1.8）。

图4.1.7 朱蕉叶片过长处理

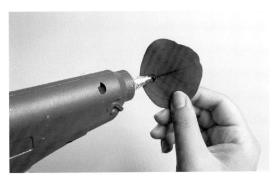 

图4.1.8 黄栌叶增长叶柄法

3.需要造型的叶片 一叶兰造型。

①沿着一叶兰叶脉由尾部往尖端撕成条。

②叶面朝外，卷绕一个圈后，用订书机固定（图4.1.9）。

图4.1.9 一叶兰造型

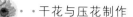

 思考：

1. 塑形花材延长花茎的注意点有哪些？
2. 干花叶片延长叶柄的注意点有哪些？

技能训练：

干花花材的加工

1. **训练目的** 掌握不同干花花材加工的方法。
2. **材料与工具** 剪刀、铁丝、胶带、热熔胶、干花花材等。
3. **方法与步骤**
(1) 根据干花花材种类的不同，选择相应的加工方法。
(2) 干花花材的加工。
4. **训练要求** 每位同学熟练掌握常见干花花材的加工和造型方法。

任务二 干花插花作品的设计与制作

知识点

1. 干花插花作品的立意构思。
2. 干花插花作品的构图设计。

技能点

1. 掌握干花插花作品的设计方法。
2. 掌握干花插花作品的制作方法。

相关知识

干花艺术起源于欧洲，传统的干花艺术多体现西方艺术风格，这也是由干燥植物材料的特点所决定的。随着现代干花艺术的发展，尤其是植物软化技术的改进和提高，拓宽了干花艺术的表现空间，逐渐融合了东方淡雅、细腻的表现手法，使干花艺术形式多样化。同时形成了现代化且时尚味十足的自由式干花艺术风格。

一、构思

制作干花插花作品，首先要进行的是对作品的构思，根据作品应用的目的和用途来确定作品的造型、色调以及所要表达的内涵。干花插花作品要求根据植物材料和具体环境进行构思设计，要充分考虑作品与环境之间的协调统一，如作品对环境的影响、环境对作品的影响等。在此基础上确定作品的功能因素、尺寸、色调、图案、质地以及欣赏的角度等，初步形成一个所需要的作品的构想。构思时植物的自然美感是创作灵感的主要来源，只有贴近自然的作品才能获得生动的美感。

构思遵循以下几个基本原则：

(1) 要有全局观。

(2) 要有三维的立体构思。

(3) 要能充分发挥环境的使用功能。

(4) 要有独创性。

二、构图设计

立意构思之后便可以考虑构图设计了，干花构图原理与鲜花既有一致的方面，也有不同之处。一致的方面主要表现在变化与统一、动势与均衡、调和与对比、韵律与节奏以及花材的类似色配置和对比色配置等方面。不一致的方面是因受干花花材色暗、质脆、硬直等特点的限制，干花花材难以像鲜花那样重在表现出一些线条与简洁美的图案造型。干花艺术中更多的是以群体花材表现古朴、自然而又粗犷、豪放的美感。

干花插花艺术同鲜花插花艺术一样，在构图中要掌握以下六大法则：

1.高低错落　插花作品中花朵应高低错落，即花朵的位置要高低前后错开，切忌把所有花材插在同一横线或直线上。

2.疏密有致　一般插花作品中的花叶不应等距安排，应当有疏有密、疏密适当，使花叶尽展美态。过疏会显得空荡，画面显得过于松散；过密则会产生窒息不通风的感觉，让人感到不舒服，也不符合自然界植物生长规律。

3.虚实结合　在插花创作中，花为实、叶为虚，有花无叶欠陪衬，有叶无花缺实体。一件完美的插花作品应该有虚有实、实中有虚、虚中有实，才能显得灵空不板、余味无穷，像绘画留白一样，含蓄意境，才能给人更多发挥想象的余地和空间。

4.仰俯呼应　上下左右的花朵枝叶要围绕中心顾盼呼应，既反映作品的整体性，又保证作品的均衡感。

5.上轻下重　在插花创作过程中，一般情况大花在下，小花在上；盛花在下，花蕾在上；深色花在下，浅色花在上；团块状花在下，穗状花在上。这样才能给人以稳定均衡的感觉，并应有穿插呼应，以不失自然之态。

6.上散下聚　插花作品将花朵枝叶基部聚拢在一起，似同出一根簇生在一起。作品的上部自然舒展，多姿多态。

在干花插花艺术创作过程中掌握以上六法，就能使插花作品在统一中求得变化，在动势中求得均衡，在装饰中求得自然。作品既能反映植物的天然美，又能反映人类匠心的艺术美（图4.2.1）。

图4.2.1　体现六大构图法则的干花插花作品（kristen，2019）

三、干花插花作品制作示例

（一）干花插花制作示例——复古式瓶花

1.花材　玫瑰、康乃馨、矢车菊、红豆、凤凰木果、黄金球、尤加利叶、芒萁。将所有的花材一枝一枝地整理好，并视长度接上人工茎备用（图4.2.2）。

图4.2.2　制作复古式瓶花花材

2.步骤

步骤1：准备一个欧式花瓶，切好花泥备用，花泥要高出花瓶2cm。

步骤2：构思好凤凰木果的位置，可用热熔胶固定。再插制矢车菊，注意高低错落和空间感。

步骤3：插制焦点花橙红色玫瑰，注意作品的视觉平衡。

步骤4：依次插入康乃馨和小玫瑰。

步骤5：插入芒萁，制作出优美的线条。

步骤6：加入黄金球，在花泥露出处补上适量芒萁，作品完成（图4.2.3）。

图4.2.3　复古式瓶花制作步骤

3.制作重点

（1）开始制作之前，先仔细欣赏凤凰木果的线条与造型，构思其最佳位置，为整体作品的造型定位。

（2）插入花材时，注意布局，要高低错落，注意空间感。

（3）在插制时要注意色彩的搭配与平衡，作品主色调为红黄橙，色彩和谐，凤凰木果的色彩更显出油画质感。

（4）芒萁的线条使作品更加灵动（图4.2.4）。

（二）干花插花制作示例——创意桌花

1.花材　麦穗、松果。

2.步骤

步骤1：准备一个欧式花瓶，将花泥切成树状，上小下大。

图4.2.4　复古式瓶花（丁宁，2020）

步骤2：选取大小相似的麦穗，从下部开始插制，与垂直线夹角为30°左右，均匀插制。

步骤3：依次一层层插入麦穗，顶部最后一层麦穗呈螺旋状，用麻绳绑扎固定。

步骤4：用热熔胶将松果固定在麦穗上，并在最上部螺旋绑扎点上用丝带美化点缀，作品完成（图4.2.5）。

图4.2.5　创意桌花制作步骤

3.制作重点

（1）花泥的切制要注意上小下大，以便造型。

（2）麦穗的插制角度为与垂直线夹角30°左右，夹角过大则会影响造型。

（3）顶部最后一层麦穗要用螺旋式绑扎，呈现较佳的美感（图4.2.6）。

图4.2.6　创意桌花（胡琳，2019）

✿ **思考:**

1.干花插花作品的构思原则是什么?
2.干花插花作品的六大构图法则是什么?

✿ **技能训练:**

干花插花作品的制作

1.训练目的　掌握干花插花作品的设计与制作方法。
2.材料与工具　剪刀、铁丝、胶带、干花花材、花器、花泥等。
3.方法与步骤
(1) 给一张照片,根据照片的环境与风格,设计一个干花插花作品。
(2) 选择花器和花材,并做好花材的准备加工工作。
(3) 作品插制,注意造型、色彩等。
(4) 作品整理。
4.训练要求　每位同学能够根据环境和风格设计干花插花作品,熟练掌握干花插花作品的设计与制作方法。

任务三　干花装饰品的设计与制作

知识点

干花装饰品的设计技法。

技能点

1.掌握干花装饰品捆绑的方法。
2.掌握干花装饰品组群的方法。
3.掌握干花装饰品铺陈的方法。
4.掌握干花装饰品串挂的方法。
5.掌握干花装饰品粘贴与架构的方法。

相关知识

干花制作装饰品已很盛行,将鲜花压干、风干、硅胶干燥后做成花环、花束、花盒等代替鲜花,不用浇水就能够长久保持装饰效果,还可以通过造型、粘贴等工艺品制作手法,将干花镶在手镯上、发卡上、项链上以及家庭日用品上,给温馨的环境加入色调及鲜艳感，使生活环境更富于自然美，演绎出奇妙效果。

干花装饰品的设计技法有许多，如捆绑、组群、铺陈、串挂、粘贴、架构等。

一、捆绑

一根筷子很容易被折断，一捆筷子则坚固得多，这个简单的道理给了花艺师一个启示，为了不使花材显得单薄，可以将一定数量花材的茎干集中捆绑成束来增加花材的质量感和力度，因此产生了"捆绑"这一花艺手法。

捆绑是干花装饰品中最常见的造型技法，将3枝以上的花材捆绑成束，用以增加质量感或力度。捆绑强调的是材料和装饰效果。用于捆绑花材的材料需精心挑选，一般用麻绳、拉菲草等较自然的材料，也可视作品的立意、色调选用彩色丝带、金属丝等（图4.3.1）。

捆绑花束最适合作为礼物或房间的点缀。根据植物的种类、颜色、包装纸等，变换出各种形态，或者仅调整数量，给人的印象也会大为不同。

图4.3.1　花材捆绑（kristen，2017）

（一）干花装饰品捆绑制作示例——花束

1. 花材　小玫瑰、兔耳草、勿忘我、尤加利叶、人造小花（图4.3.2）。

2. 辅材　薄棉纸、雪梨纸、拉菲草、丝带、胶带。

3. 步骤

步骤1：将干花做成圆形花束，在花梗处用胶带固定。

步骤2：分别将3张薄棉纸左右折叠后，沿花梗包裹住花束，并用胶带固定。

步骤3：将方形雪梨纸不规则对折后，包裹花束。

步骤4：左边用2张不规则对折雪梨纸包裹，右边对称用2张，胶带固定。

图4.3.2　制作花束花材

步骤5：在花束前方用2张不规则对折雪梨纸包裹，胶带固定后绑上丝带。

步骤6：稍做整理，作品完成（图4.3.3）。

图4.3.3　花束制作步骤

4.制作重点

（1）小花束风格偏可爱，可选择兔耳草等花材体现。

（2）可加包装盒和灯带点缀（图4.3.4）。

（二）干花装饰品捆绑制作示例——相框

1.花材　麦秆菊、小玫瑰、芒萁叶（图4.3.5）。

2.辅材与工具　相框、麻绳、拉菲草、剪刀（图4.3.6）。

3.步骤

步骤1：将麦秆菊花苞下的叶片去除。

步骤2：将花材绑成一束，注意高低错落，展现花朵美丽的姿态。

步骤3：加入芒萁叶，使整个构图更加飘逸。

步骤4：将花束放在卡纸上，用铅笔定位。

步骤5：在定位的位置上打胶。

步骤6：固定。

步骤7：放进画框，固定，作品完成（图4.3.7）。

图 4.3.4　花　束（胡琳，2020）

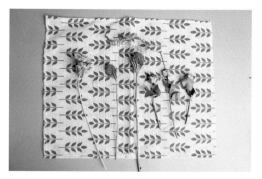

图 4.3.5　制作相框花材

图 4.3.6　制作相框辅材与工具

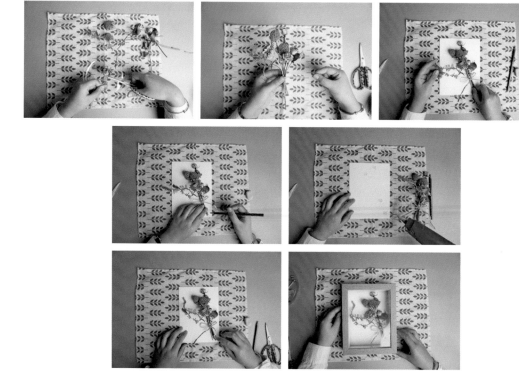

图 4.3.7　相框制作步骤

4.制作重点

（1）按照相框的材质和色彩挑选花材。该相框为黄色木质，风格偏日式，应挑选同色调的花材，使作品风格协调一致。

（2）花束的绑扎要注意高低错落，大花在下、小花在上（图4.3.8）。

二、组群

我们会发现在乐坛中一些流行组合更能吸引听众而拥有更多的乐迷，这是因为组群的世界是奇妙的。单独一个元素总不免有些单调乏味，而两个、三个或更多元素组合在一起，视觉就发生了变化，更容易产生共鸣。我们可以将组群的原理应用在花艺设计上，使作品的表现更加丰富多变。

组群是将同种类、同色系的花材分组（两枝以上）、分区（一个区可有两种以上

图4.3.8　相　框（丁宁，2020）

不同的组群表现）插，组与组之间留空间，花材可高低不同，以点状或线状花材较为合适。从组群的设计中可欣赏不同花材的造型、色彩、质感，也可欣赏同一花材的不同姿态（图4.3.9）。

干花装饰品组群制作示例——干花玻璃器皿

1.花材　玫瑰、小玫瑰、绣球、松果、木芒果、尤加利果。

2.辅材　仿真冰块、带塞玻璃瓶（图4.3.10）。

图4.3.9　组　群（胡琳，2021）

图4.3.10　制作干花玻璃器皿的花材与辅材

3.步骤

步骤1：在玻璃瓶中放入绣球。

步骤2：放一些玫瑰花瓣。

步骤3：加入木芒果和尤加利果。

步骤4：最后加入一些仿真冰块。

步骤5：以粉色玫瑰花为主花做好第二个玻璃瓶。

步骤6：以橙黄色玫瑰花为主花做好第三个玻璃瓶。

步骤7：稍做整理，作品完成（图4.3.11）。

图4.3.11　干花玻璃器皿制作步骤

4.制作重点

（1）玻璃器皿选择时可选择同样形状的，也可以选择类似外形的一组，大小体量上要略有区别。

（2）花材选择时，一组器皿的花材类型相似，可以在色彩和大小上做出变化，体现协调统一的同时，又有变化。

（3）可加入仿真冰块、小彩灯串等辅材，增加作品的精致度（图4.3.12）。

三、铺陈

铺陈即平铺陈设，将花材覆盖在一个特定范围表面，是掩盖花泥最好的技巧。其

图4.3.12　干花玻璃器皿（胡琳，2021）

基本方法是将花材紧密相连，平坦地插在宽口花器或花泥上，通常在同一区域内使用同一种类、同一大小、同一色彩的花材，但在区域与区域之间有不同质地、色彩的变化（图4.3.13）。

铺陈这一名称出自珠宝设计，是指将大小相同的宝石紧密镶嵌于首饰表面，形成一个平面或弧面，没有任何突出物。在我们日常生活中除珠宝之外，也可看到类似的形式，如大面积由不同花卉组成的花坛群，不同卵石拼贴成的地面等。

图4.3.13　铺　陈（日本诚文堂新光社，2018）

铺陈通过重复（同一区域内单一花材的重复）和对比（不同区域不同花材的对比），在平面上产生视觉冲击力和美感。

铺陈设计中造型有平面铺陈和镶嵌铺陈，可根据花材的颜色、形状以及质感，做出不同的设计变化。团块状花材与散状花材均可使用，异形花材最为适宜做铺陈设计。当运用到线状花材时，可平躺或分解，会增加很多的趣味性。铺陈设计色彩的变化与花材的变化尤为重要，应避免作品颜色冲突或平铺单调设计。

（一）干花装饰品铺陈制作示例——花盒

1.花材　玫瑰、小玫瑰、棉花、麦秆菊、向日葵、绣球、风箱果、松果、尤加利果、尤加利叶、银杉叶、小木棍、小木片（图4.3.14）。

2.辅材　盒子、压花相框、花泥（图4.3.15）。

图4.3.14　制作花盒花材

图4.3.15　制作花盒辅材

3.步骤

步骤1：将相框放在花盒的焦点位置，在对角线分别插入玫瑰和麦秆菊，注意色彩的搭配。

步骤2：在另一对角线插入松果、棉花和向日葵。

步骤3：插入松果、风箱果、小木棍和尤加利果。

步骤4：插入小玫瑰。

步骤5：在空隙处插入绣球、尤加利叶，最后插银杉叶。

步骤6：作品完成（图4.3.16）。

图4.3.16　花盒制作步骤

4.制作重点

（1）花盒中放置两块花泥，上面高些，相框呈15°抬起，适合欣赏。

（2）相框放置在花盒的视觉焦点，而不是中心点，构图不呆板。

（3）色彩不要过于艳丽，选择2～3朵色彩鲜艳的花材即可。

（4）绣球、银杉叶插制时要飘在花盒之外，作品显得灵动（图4.3.17）。

图4.3.17　花　盒（胡琳，2019）

（二）干花装饰品铺陈制作示例——食盒

1.花材　玫瑰、小玫瑰、绣球、麦秆菊、秋葵、尤加利果、松果、小米果、橡果、乌桕果、风箱果、柠檬片（图4.3.18）。

2.辅材　盒子、苔藓（图4.3.19）。

图4.3.18　制作食盒花材　　　　　　　　图4.3.19　制作食盒辅材

3.步骤

步骤1：在盒子里铺上苔藓。

步骤2：先放置秋葵，再依次放入焦点花材黄玫瑰、麦秆菊和柠檬片。

步骤3：再放入松果、橡果，在空隙处填入乌桕果和尤加利果。

步骤4：最后加入风箱果和小玫瑰，在空隙处填入乌桕果和绣球，插入两支小米果，营造作品空间感。

步骤5：作品完成（图4.3.20）。

图4.3.20　食盒制作步骤

4.制作重点

（1）花材的选择上，注意色彩的配置。相似色调配置比较合适，可选择一种明度较高的花材作为焦点花。

（2）整体布局以不同明度和材质的花材组群排列，体现出不同的纹理和区块。

（3）花材的高度有不同，因此苔藓的厚度要根据不同区块的花材高度调整，例如焦点花黄玫瑰下就可以不铺苔藓。

（4）作品完成后，可将一些略有凹陷的花材稍稍上翻，或填充苔藓，形成充实感（图4.3.21、图4.3.22）。

图4.3.21　食　盒（胡琳，2021）

图4.3.22　食盒作品细节

四、串挂

串挂装饰可使墙壁、窗户、门等以前无法摆放植物的空间别具一格。串挂利用了空间的设计，使装饰元素更加丰富。特别是将当季的干花材料自然加入，更具季节感（图4.3.23、图4.3.24）。

干花装饰品串挂制作示例——花环

1.花材　人造小花、百日菊、风车果、绣球、小米花、尤加利果、情人草、银杉叶（图4.3.25）。

2.辅材与工具　藤圈、热熔胶枪、剪刀（图4.3.26）。

3.步骤

步骤1：先构思好藤圈上花朵的位置，将银杉叶固定在藤圈上，银杉叶之间避免插得太过紧密，以预留后续花材的固定空间。

步骤2：在藤圈上部1/3处加入人造小花，制作视觉焦点区，在下部固定体量略小的人造小花形成呼应。

步骤3：依序加入风车果、百日菊等花材，接着再以小米花、绣球、尤加利果填补空隙，增加色彩丰富度。

步骤4：最后加入长短不一的情人草，增加作品的线条感和流动感。

步骤5：作品完成（图4.3.27）。

图4.3.23　日常装饰串挂（kristen，2019）

图4.3.25　制作串挂花材

图4.3.24　端午串挂装饰（丁宁，2020）

图4.3.26　制作串挂辅材与工具

图4.3.27　花环制作步骤

4.制作重点

（1）同一种花材不要固定在同一个平面高度上，要高低参差，可增加作品整体的活泼性。

（2）距离花环视觉焦点越远，花材越长，插入的角度越倾斜。反之，越接近花环视觉焦点，长度越短，插入的角度也越直挺。

（3）固定花材时，建议以一次处理一种花材为原则，才可以更清楚地理解花材色彩和质感的分布（图4.3.28）。

图4.3.28　花　环（胡琳，2020）

五、粘贴与架构

（一）粘贴

用干花花材粘贴成一个面或体，使原本单调的花器、墙面、桌面、背板等物体的表面产生肌理，十分别致，这就是花艺设计中的粘贴手法。常用来粘贴的材料有各种干燥的叶片、叶脉、花朵、藤条和枯枝等，用热熔胶粘贴。粘贴的方法可以是规则的，也可以是随意的，如图4.3.29用桉树叶从花器的边缘至中央逐个仔细重叠粘贴，具有强烈冲击感。紧凑对齐方向排列的叶子感觉像是被磁铁吸引，体现了精妙之美，富有装饰效果。

图4.3.29　粘　贴（日本诚文堂新光社，2018）

（二）架构

传统的插花已不能满足现代装饰的要求，较前卫的架构设计变得越来越时尚，这要求花艺设计师不仅要懂得艺术造型及植物学知识，还要具备构造学、力学等知识，因为作品的稳定性是一切的基础。

架构作品一般由支撑骨架与附着其上的花艺两部分组成。通常用竹子、红瑞木等植物搭建骨架，当然也可以用非植物材料如玻璃、钢管等构建。在骨架的造型设计上要考虑作品的创意与美观，结构上要求稳固，并且还要注意到各个组成部分的连接固定问题。附着部分选用的花材与手法一定要与骨架协调，并且能巧妙地与骨架融为一体，使其成为一件完整的作品。

在过去，设计师总是小心翼翼地用各种方法来隐藏结构部分，而现在，暴露用拉菲草、铜丝、铝线等捆绑痕迹的骨架已成为一种流行。

架构是插花表现的立体构成，也是工艺结构、图案、肌理、色彩等方面的综合构成。

（三）粘贴与架构

粘贴与架构结合在一起成为干花装饰品的最佳组合，可用于酒瓶、花包、花首饰等各类装饰品中。采用粘贴的手法来装饰架构部分，可使其成为欣赏焦点，更富有创意和装饰感。

（四）干花装饰品粘贴与架构制作示例——酒瓶装饰

1.花材　麦秆菊、人造小花、小玫瑰、玫瑰花瓣、红豆、银杉叶（图4.3.30）。

2.辅材与工具　红酒瓶、铝丝、环保铁丝、鲜花胶、枝剪、尖嘴钳（图4.3.31）。

图4.3.30　酒瓶装饰花材

图4.3.31　酒瓶装饰辅材与工具

3.步骤

步骤1：将环保铁丝缠绕在酒瓶上，然后在瓶颈处缠绕三圈，呈流水线形下垂。

步骤2：用铝丝沿着环保铁丝做出花瓣、丝带等造型。

步骤3：用玫瑰花瓣粘贴成红色花朵、一叶兰粘贴成丝带。

步骤4：粘贴麦秆菊、人造小花（蓝色染色）等团块状花材。

步骤5：在铝丝的末端粘贴小玫瑰、红豆、银杉叶（图4.3.32）。

图 4.3.32 酒瓶装饰制作步骤

4.制作重点

（1）铝丝的造型要自然流动，体现线条美。

（2）红豆、小玫瑰等粘贴在铝丝的末端，体现空间美。

（3）红酒瓶瓶身色彩较暗，应选择色彩艳丽的花材，体现出对比美（图4.3.33）。

（五）干花装饰品粘贴与架构制作示例——花首饰

1.花材　小玫瑰、绣球、风箱果、小米果、尤加利果、水晶草。

2.辅材与工具　银色铜丝、金色铜丝、细铜丝、剪刀、圆嘴钳、冷胶（图4.3.34）。

图 4.3.33　酒瓶装饰（丁宁，2020）

图 4.3.34　制作花首饰辅材与工具

3.步骤

（1）手链。

步骤1：将金色铜丝弯曲造型、固定，做成手链并在手指处盘绕成扣。

步骤2：将金色铜丝盘成一大一小两个圆盘，用细铜丝固定在手链上。

步骤3：将铜丝缠绕在胶棒上，剪成若干个圆环，连接手链。

步骤4：用热熔胶粘贴花材。

步骤5：作品完成（图4.3.35至图4.3.37）。

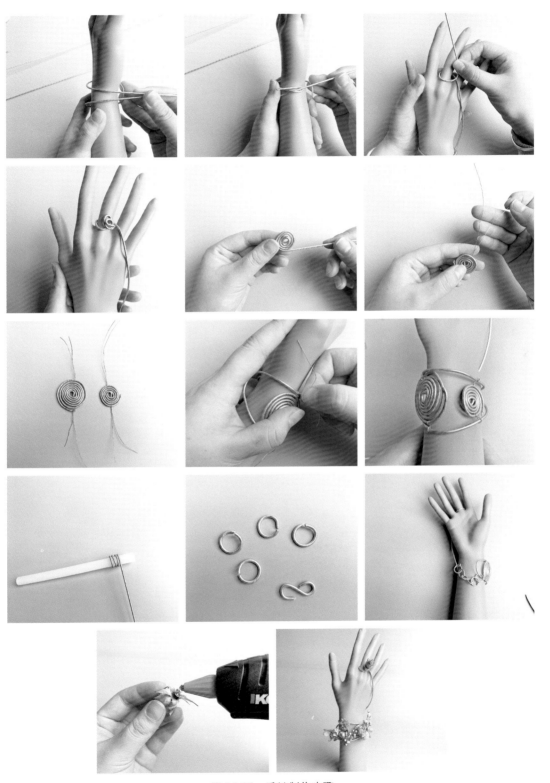

图4.3.35　手链制作步骤

图4.3.36　手　链（丁宁，2021）　　　　　　　图4.3.37　手链作品细节

（2）耳坠。

步骤1：将银色铜丝制作成钩状，在下部用金色细铜丝缠绕装饰。

步骤2：将金色铜丝穿过珍珠，上下弯曲勾住。

步骤3：将银色铜丝弯曲造型。

步骤4：用圆嘴钳把金色铜丝打圈，剪开，做成连接环。

步骤5：用连接环把耳坠各部分连接起来。

步骤6：用冷胶把小玫瑰花朵粘在耳坠上。

步骤7：作品完成（图4.3.38、图4.3.39）。

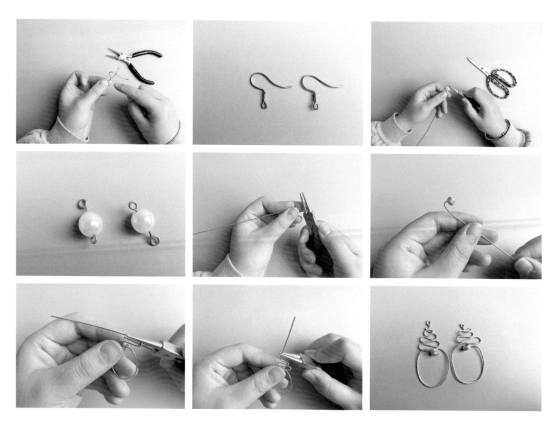

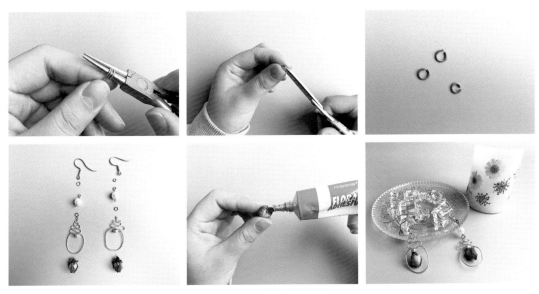

图4.3.38　耳坠制作步骤

图4.3.39　耳　坠（丁宁，2021）

4.制作重点

（1）制作花首饰贵在精致，铜丝、珍珠等造型应尽量精巧。

（2）粘贴花材必须有粘着面，例如耳坠花朵粘着的圆环，手链中手指处圆环，手链中心处一大一小两个圆盘等，这样花材才能粘着固定。因此，在设计时要充分考虑。

（3）色彩的搭配，如手链的黄色系，搭配尤加利果的中性色，协调统一。

✿ **思考：**

1.干花装饰品的设计技法有哪些？

2.什么是捆绑？

3.什么是组群？

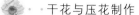

4.什么是铺陈？

5.什么是串挂？

6.什么是粘贴与架构？

 技能训练：

干花装饰品的设计与制作

1.**训练目的**　掌握干花装饰品的设计与制作方法。

2.**材料与工具**　剪刀、铁丝、胶带、干花花材、花泥、花盒、藤圈等。

3.**方法与步骤**

（1）给一个物件（藤圈、花盒、酒瓶、相框等），根据物件的特点，设计一个干花装饰作品。

（2）选择花材和辅材，并做好花材的加工工作。

（3）作品插制，注意造型、色彩等。

（4）作品整理。

4.**训练要求**　每位同学能够根据物件的风格与特点设计干花装饰作品，熟练掌握干花装饰作品的设计与制作方法。

项目五 压花艺术作品的制作与保护

【知识目标】

1.掌握常见压花艺术作品的制作方法。

2.掌握不同压花艺术作品的常用保护方法。

【技能目标】

1.能根据作品制作需要选择合理的用具和花材。

2.能根据作品使用需要选择合理的保护方法。

任务一 压花艺术作品的制作

知识点

1.压花艺术作品制作步骤。

2.压花花材的挑选原则和粘贴方法。

技能点

1.掌握压花艺术作品背景的处理方法。

2.掌握压花花材的粘贴技术。

相关知识

将压制好的花材按色彩、形态、质感等特点搭配组合，就可以创作出引人入胜的压花艺术作品。压花艺术作品的制作过程一般是：设计底稿 —→ 背景处理（选作）—→ 挑选花材 —→ 粘贴组合 —→ 干燥。也有因特殊的压花材料激发创作灵感而设计新的底稿的情况，此时挑选特殊花材即为第一步。

1.设计底稿　底稿设计主要包括：确定主题、构图设计、颜色设计这三块内容。不同类型的压花作品这三块内容的具体要求不同，详细的底稿设计方法见项目六、项目七。

2.背景处理　压花作品的背景底衬多为卡纸。为了协调压花作品的整体色彩、丰富画面层次、增加画面景深、增强画面立体感，可对背景卡纸进行处理（图5.1.1）。

为方便操作，背景处理通常在粘贴制作开始之前完成。对压花初学者来说，背景处理的颜色宜浅淡，以便更好地烘托压花作品中的花材，不至喧宾夺主。

背景卡纸的处理目前最常用的是粉彩法和丙烯颜料法，这也是初学者较易上手的两种方法（图5.1.2）。

图5.1.1　不同背景颜色的对比　　　　　　图5.1.2　粉彩法背景和丙烯颜料法背景

（1）粉彩法。用粉彩处理底衬卡纸的方法。

步骤1：准备好工具。底衬卡纸、粉彩、棉花球、镊子或刀片。

步骤2：用镊子或刀片刮下粉彩粉末，越细越好。

步骤3：用棉花或纸巾蘸取粉末，涂擦于底衬卡纸上。

步骤4：反复涂擦，使底衬卡纸上的颜色深浅变化自然。也可用几种不同的颜色调和出新的颜色，或重复操作制作渐变效果（图5.1.3）。

图5.1.3　粉彩法处理底衬卡纸步骤

（2）丙烯颜料法。用丙烯颜料处理底衬卡纸的方法。

步骤1：根据色彩设计方案准备工具，选择合适的丙烯颜料。

步骤2：与水调和后，用笔刷蘸取颜料涂抹在底衬卡纸上。

步骤3：待干后，搭配选用花材制作（图5.1.4）。

图5.1.4 丙烯颜料法处理底衬卡纸步骤

此外，为了配合压花作品表现主题，还有多种背景处理方法可以创新使用。比如，创作中式压花画时多用水墨法将底衬卡纸染出深浅浓淡不同的灰色调；表达清新通透的氛围，可用水彩和水调和产生千变万化之美；金属颜料适合表达古典的神秘感；甚至还有喷漆法，以及利用棉纸、绢布、染布，拼贴金箔、广告纸或其他各种媒材的多媒材法。压花作品的背景处理方法一直在创新发展。

3.挑选花材

（1）干燥彻底、无破损和病虫害、无霉变褐变。这一原则初学者容易忽略，若使用了不合标准的材料，很可能会使作品中的其他花材也发生霉变虫蛀，进而污染整个压花作品。

（2）色泽鲜艳、表面平整美观。

（3）适合表现底稿的设计。

除花材以外，特殊处理的蝴蝶、蜻蜓、蜜蜂标本也可作为材料使用，使压花作品更加生动、活泼（图5.1.5）。

4.粘贴组合

（1）粘贴顺序。花材的粘贴顺序是：由下及上、由里向外（图5.1.6）。

①由下及上。先粘贴最下层的花朵，再粘贴其上的花朵，一层一层向上粘贴。

②由里往外。先粘贴焦点中心花朵，后粘贴陪衬及边缘花朵。

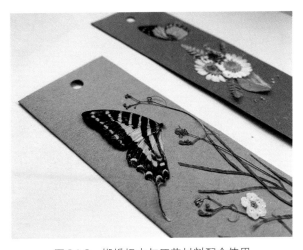

图5.1.5 蝴蝶标本与压花材料配合使用

（2）粘贴技法。用乳胶、胶水等粘贴剂，或透明不干胶薄膜都可以将花材固定在衬底上。从操作方便的角度考虑，乳胶优于胶水等其他粘贴剂和透明不干胶薄膜。

图5.1.6　花材按顺序粘贴

　　乳胶粘贴的常用技法是局部粘贴法。局部粘贴的意思是只在花材的关键部位涂抹乳胶，关键部位一般是指整朵花材的花萼和花瓣的基部、叶片的叶脉和叶柄、整枝花材的枝干等部位。

　　局部粘贴法的优点是粘贴容易、迅速，作品颜色、质感、画面效果都较自然、美观，且刚粘贴时取下重新粘贴也不难，方便初学者调整构图位置，不易产生衬底透出的现象。但是缺点也很明显，由于涂胶不够，因此粘贴不牢，花瓣和叶片易卷曲、起翘，甚至脱落（图5.1.7）。因此，用此法粘贴的作品必须用保护层进行保护，未加保护前要精心保存。

图5.1.7　局部粘贴法的起翘现象

　　（3）组合技法。大朵的重瓣花在压制时，一般将花瓣的各部分分解压干，所以使用时需先将分解的花瓣重新组合，恢复成整朵花的样子。组合的技巧越精细，越能表现作品的意境。如果花材组合不当，则会使作品整体变得呆板。

　　步骤1：分解花瓣，将花瓣一层层剥离后分开压制。
　　步骤2：准备压好的康乃馨长花瓣和圆形粘贴底衬。
　　步骤3：对称粘贴花瓣。
　　步骤4：依次向内交错粘贴花瓣。
　　步骤5：用小花瓣折成花心粘贴在中心，组合成康乃馨。
　　步骤6：将分解的花瓣重新组合成整朵花的样子（图5.1.8）。

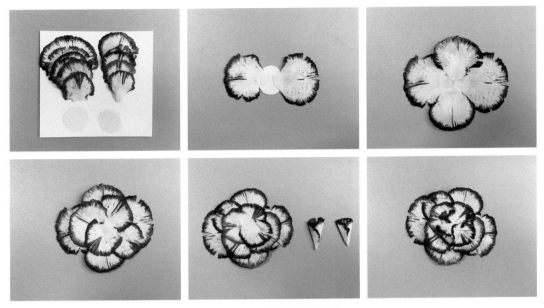

图5.1.8 康乃馨组合技法

❀ **思考**:

1.压花作品制作过程中背景处理的关键点。

2.压花花材粘贴时的注意事项。

❀ **技能训练一**:

压花作品背景的处理

1.**训练目的** 掌握粉彩法处理压花作品背景。

2.**材料与工具** 底衬卡纸、粉彩、镊子或刀片、棉花或纸巾等。

3.**方法与步骤**

(1) 根据压花作品的设计底稿,选择相应颜色的粉彩。

(2) 单色粉彩背景制作。

(3) 双色粉彩背景制作。

4.**训练要求** 每位同学熟练掌握单色粉彩背景和双色粉彩背景的制作。

❀ **技能训练二**:

压花花材的粘贴

1.**训练目的** 掌握花材粘贴的顺序和乳胶局部粘贴法。

2.**材料与工具** 处理好的底衬卡纸、适量花材、白乳胶、镊子、挑棒或牙签、尖头剪刀等。

3.方法与步骤

（1）按花材选择原则选择合适的花材。

（2）按粘贴顺序，将选择的花材依次摆放在设计图案中，检查并调整优化。

（3）用白乳胶局部粘贴法，按粘贴顺序进行花材粘贴操作。

（4）检查有无需要调整的部分，趁乳胶未干时及时调整。

4.训练要求 每位同学熟练掌握花材选择原则、粘贴顺序及乳胶局部粘贴法。粘贴好的作品忌脏、忌皱。

任务二　压花艺术作品的保护

知识点

压花艺术作品的保护原理和方法。

技能点

掌握压花艺术作品的保护技术。

相关知识

干燥花材直接与空气接触后，很快会褐变、褪色、遭受虫蛀、霉变腐烂。对压花作品进行保护，可以有效延长其观赏寿命。

国际上主流的画面保护方法是玻璃框抽真空保护法。这种方法使花材在真空中被密封保护，护色效果最为持久。国内常用的方法还有塑封覆膜保护法、树脂保护法、石蜡保护法。

1.塑封覆膜保护法　操作简单，成本低，虽保护期限比不上玻璃框抽真空保护法，但只要操作和保护得当，十年不成问题，是压花画小作品常用的保护方法。根据是否需要加热，塑封膜分为热裱膜和冷裱膜两种。以下为热裱膜塑封步骤：

步骤1：书签用热裱膜覆盖。

步骤2：过塑机预热后缓慢过塑。

步骤3：过塑后用切纸刀切边。

步骤4：热裱膜塑封完成（图5.2.1）。

冷裱膜只需将膜覆于画面上，省去了加热步骤，避免了加热过程使部分花材变色的可能。适用于保护装饰面平整但较厚重的压花作品，还可以做局部覆膜保护。但膜和背景之间有时会出现气泡（图5.2.2），影响画面效果，一般只用于小型作品的保护。

2.树脂保护法　用高分子树脂材料灌制或涂抹压花作品的方法，称为树脂保护法（具体过程见项目七任务六"压花饰品的制作"）。此方法适用于有一定厚度的压花作品，如树脂杯垫、树脂首饰，也适用于较厚花材制作的压花作品（图5.2.3）。

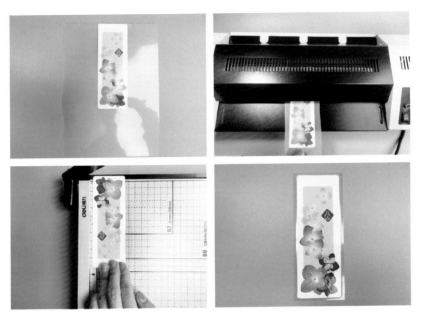

图 5.2.1　热裱膜塑封步骤

图 5.2.2　冷裱膜保护的作品和气泡

图 5.2.3　树脂保护的压花作品

　　3.石蜡保护法　石蜡保护法与树脂保护法类似（具体过程见项目七任务五"压花蜡烛的制作"），只是作品表面保护剂用的是石蜡而不是树脂。如压花蜡烛，在物品表面贴上压花花材，然后将其在液体蜡中过一下，让其表面有一层薄薄的蜡做保护层（图5.2.4）。

图5.2.4　石蜡保护的压花作品

　　4.抽真空保护法　抽真空保护法主要用于压花画类作品的保护，用玻璃作为作品的保护面，使作品处于近真空状态，减少花材受潮及氧化的速度，从而延长作品的保护时间（图5.2.5）。

图5.2.5　抽真空保护法工具准备
①海绵纸　②脱氧剂　③干燥剂　④干燥板　⑤吸管　⑥玻璃胶　⑦玻璃
⑧卡纸框　⑨画框　⑩抽真空机　⑪美纹纸　⑫铝箔纸　⑬硬质胶条

　　步骤1：将铝箔纸裁剪成与玻璃一样大小。

　　步骤2：把铝箔纸未塑膜一面朝上（反光强的一面），裁剪如果发生卷边可以用美纹纸四角固定。

　　步骤3：将作品放于正中间。

　　步骤4：在作品周边距离作品0.3～0.5cm的位置粘贴硬质胶条。

　　步骤5：胶条粘贴不能留有空隙。

步骤6：粘贴好后翻转铝箔纸。

步骤7：铝箔纸另一面用棉球或纸巾沿胶条位置擦出痕迹。

步骤8：准备好干燥板或干燥剂，如果使用干燥剂不能提前开封，干燥剂吸潮一面向上放置。

步骤9：使用干燥板需要在干燥板一面用刀轻划开，使其开始有吸潮作用，划开一面朝上。

步骤10：在铝箔纸上粘一点胶固定干燥板。

步骤11：干燥板固定。

步骤12：干燥板下可选择固定一包脱氧剂（也可不用）。

步骤13：选择1～2片海绵纸（或其他起到缓冲作业的材料）。

步骤14：海绵纸大小与作品相同。

步骤15：作品放在海绵纸上面。

步骤16：在胶条印记的地方涂玻璃胶。

步骤17：玻璃胶不可有断点。

步骤18：将吸管一端插入抽真空机的胶管内，另一端剪短。

步骤19：将吸管另一端插入海绵纸下。

步骤20：吸管上也要用玻璃胶密封。

步骤21：将玻璃放在上面，与铝箔纸对齐，按压玻璃胶。

步骤22：打开抽真空开关，吸管处按牢，不能漏气。

步骤23：抽真空结束，拔出吸管，按压紧出口，保证玻璃胶充分密封。

步骤24：抽真空完成。

步骤25：检查抽真空后背面状态。

步骤26：放上卡纸框。

步骤27：用画框装裱完成（图5.2.6）。

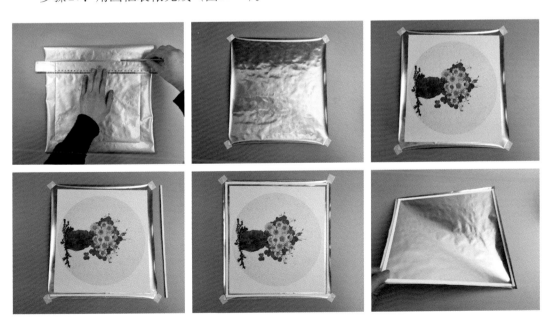

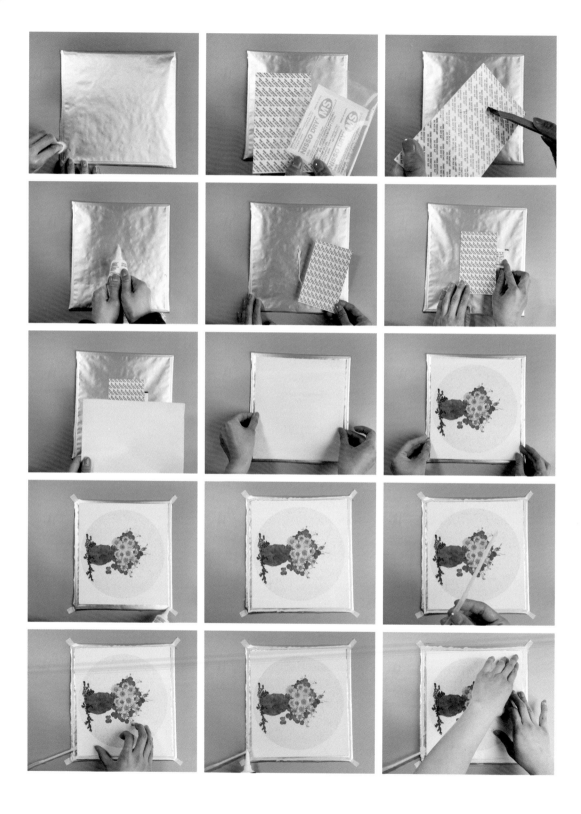

图5.2.6 抽真空保护法步骤

压花作品的保护，除了保护方法的选择外，放置的环境也会影响保存时间，宜避开潮湿、高温、阳光直接照射的地方。

❀ **思考：**

如何选择压花作品的保护方法？

❀ **技能训练：**

压花作品的保护

1.训练目的 掌握压花作品热裱膜和冷裱膜处理方法。

2.材料与工具 尚未保护处理的压花小画、热裱膜、冷裱膜、覆膜机、美工刀、尖头剪刀等。

3.方法与步骤

（1）根据压花作品的大小和厚薄，选择覆膜方法。

（2）热裱膜覆膜操作。

（3）冷裱膜覆膜操作。

4.训练要求 每位同学熟练掌握热裱膜和冷裱膜保护操作。冷裱膜覆膜要求尽量没有气泡，热裱膜覆膜要求膜面平整无褶皱。

项目六 压花画的设计与制作

【知识目标】

1.掌握压花画的立意构思与构图设计。
2.掌握压花画的制作方法。

【技能目标】

1.能根据作品制作需要设计压花画。
2.能根据作品制作需要制作压花画。

任务一 写生式压花画的设计与制作

知识点

1.写生式压花画的立意构思。
2.写生式压花画的构图设计。

技能点

1.掌握写生式压花画的设计方法。
2.掌握写生式压花画的制作方法。

相关知识

写生式压花画是压花作品按植物自然生长的方式进行构图设计的一种类型，即用压花花材表现出植物的自然生态，展现出植物原始的风貌与形态。

写生式压花画根据表现风格可分为写实和写意两种。写实风格用花材粘贴出与植物自然形态相似的画面，着眼于表现植物外在轮廓、形象特点的准确性，力求逼真。在制作这类作品时比较重视花材的自然形态和形状，但并不一定要求花叶等取材于同一植物，只要画面内花材组合可以展现出花材的自然原始形态和生长状态即可。但是通常情况下，用同一植物的花、叶、枝更容易制作。虽同为追求真实，但写实风格的写生压花画不等于植物标本，植物标本展示的是科学知识，写实风格的写生压花画展示的是艺术美感（图6.1.1、图6.1.2）。

图6.1.1　写实风格的写生压花画（王丽）

图6.1.2　植物标本

写意风格又称国画写意法，写意风格的写生压花画是运用写意国画的技法，利用压花制作出中国花鸟画的效果，表现压花与人文的融合，庄重古朴。制作这类作品时应遵循"以形写神"的写生方法，要着眼于神，通过对植物的组织、比例、特征等进行细致的观察，将神情融入形态特征、表现形式中，从而达到形态、神情和表现形式完美的统一，凸显中国画"立意在先""形简意丰"的思想，给人以想象之余地，达到"此处无物胜有物"的艺术美感（图6.1.3）。

图6.1.3　写意风格的写生压花画（左：袁梦　右：罗秀英）

1. 写生式压花画的设计

（1）主题的拟定。写生压花画的主题非常明确，要表现的就是花卉本身或是由这些花卉带来的某种感受、心情。一般用一种或两种具体的植物为主要材料，通常以植物名称作为主题，如向日葵、绣球、仙客来等。

（2）画面的选择。长方形是应用最多的一种画面，适用范围广。此外，还有几种特别的画面，使用得当可以更好地表现主题。横条形画面有开阔之感，适合表现梅、李、桃、杏等自然界中枝条向外开张生长的植物；长条形画面有向上的势态，适合表现荷、菊、竹的蓬勃生机；圆形适合表现柔美的花草，如兰草；扇形适合表现刚性的横枝，如梅。

（3）造型的设计。写生压花画最基本的常用构图造型有：直立型、倾斜型和下垂型。直立型构图由画面底部向上发展，均衡端庄（图6.1.4）。倾斜型构图从画面左下或右下角出发，倾斜向上延伸发展，能表现植物优美的线条和韵律（图6.1.5）。下垂型构图适用于攀缘植物，具有枝叶随风飘摇的动感（图6.1.6）。

图6.1.4　直立型构图（朱少珊，2019）

图6.1.5　倾斜型构图（孙常达，2021）

图6.1.6　下垂型构图（刘香环，2017）

2. 写生式压花画制作示例

（1）材料。绣球、叶、枝、白色底纸（云龙宣纸）、白乳胶、双面贴纸（A4）、牙签、镊子、剪刀（图6.1.7、图6.1.8、图6.1.9）。

图6.1.7 背景材料

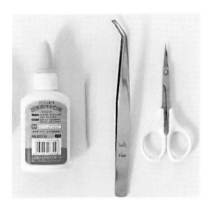

图6.1.8 制作工具

图6.1.9 写生式压花画花材

（2）制作步骤。

步骤1：绘制设计图，选取长方形画面，直立型构图设计。以正面视角，绘制出一棵绣球的设计图。

步骤2：构图时按井字构图法，在画面底部靠近左边1/3处画出枝，花序球是整个画面的焦点，安排在上部1/3处，注意画面上部留白。

步骤3：找出明暗关系，设定光源的位置，区分出花序球和叶片大体亮光、阴影的范围。

步骤4：根据设计草图，选择不同深浅、大小的绣球。

步骤5：根据设计草图，选择不同形态、深浅的叶片。

步骤6：将设计图中的绣球花序剪下来。

步骤7：撕掉双面贴纸一面离型纸，然后将花序纸片正面贴到双面贴纸上。

步骤8：沿花序的轮廓将多余的双面贴纸剪去。

步骤9：揭开双面贴纸的另一层离型纸，沿着椭圆形纸片由边缘向中心将绣球贴上，粘贴时注意花朵与花朵之间需要重合叠加，不能漏出纸片。

步骤10：选择深浅不同花材表现明暗。

步骤11：一圈一圈叠加。

步骤12：大花朵粘贴在底层或是下部。

步骤13：小花粘贴在上层。

步骤14：中间色过渡自然。

步骤15：选择与设计图相似的叶片，根据图中设计的明暗，选择有深浅变化的叶片。

步骤16：如没有合适的或是形态相似的叶片，也可以根据设计图中叶片的形态，以设计图为模板，对叶片进行修剪，以达到设计图的效果。

步骤17：叶片制作完成。

步骤18：粘贴主枝。根据设计图，选取姿态优美、有一定弧度的枝条作为主枝，可以用几根枝条拼接出设计图中的形态。

步骤19：选取与设计图中形态相似的深浅色各异、不同大小的叶片，或是前面拼接修剪好的叶片，按设计图中的位置摆放在枝条上。

步骤20：粘贴叶片。

步骤21：增加叶片，形成遮挡关系。

步骤22：增加叶片，构成明暗对比。

步骤23：粘贴花序。

步骤24：按构图设计中各部分摆放的顺序，将其粘贴在背景上，完成制作（图6.1.10）。

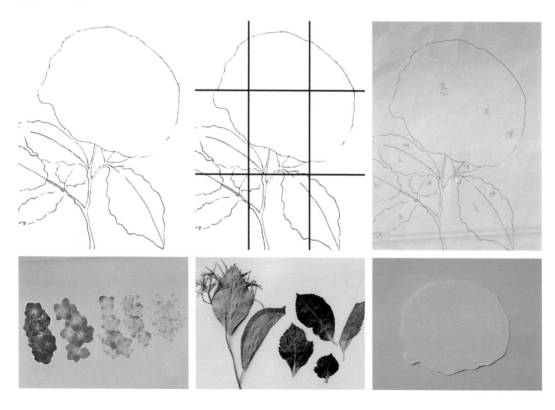

图6.1.10 写生压花画制作步骤

将制作好的压花植物画夹入还原过的干燥板中，一并放入密封袋中二次干燥。干燥时间一般一天左右即可，然后利用前面所学习的抽真空保护法将整幅植物画密封保存起来。

（3）制作要点。

①选择花材。根据设计草图，选择蓝色系绣球、枝和叶。第一，在构图上需考虑光影明暗的变化，应选择颜色深浅不同的花朵、叶片，制造光的明暗和阴影，以表现光线在画面上的强弱，光照的地方花、叶色较浅，光弱的地方花、叶色较深，也就是说有阴影的地方花、叶色较深。第二，考虑绣球花序的特征，花序呈球形，且下方的花要先开放，大一些，顶端的花后开放，稍小。所以，在选择花朵时需要选择不同大小的花朵。第三，为了让画面有韵律和动感，需要选择不同视觉、大小的叶片，即需要选择有正面、反面、仰角、俯角等不同形态的叶片。这需要在前期压制干燥环节提前考虑好，如前期未压制出不同视觉形态的材料，后期制作时可以用修剪粘贴的手法进行弥补。

②确定背景。压花植物画以自然质朴为特色，越是原始自然，越能传达植物本来的风貌。因此，背景越是单纯素雅越佳，如对背景上色时宜以浅淡为宜。根据选用的绣球颜色为蓝色，确定背景颜色为白色。同时，为了突显出作品的自然质朴，提升背景的观赏性和质感，选用有纹理的白色云龙宣纸。

③组合绣球花序。要一圈一圈叠加，粘贴时忌将花朵整齐排列，应稍微有错落感。排列时要将深色花朵、大花朵尽量粘贴在底层或是下部。同时应参考设计图中的阴影和亮光处的设计，在对应的位置粘贴深、浅不同的花朵，两者之间需要用中间色过渡，而且过渡要自然。

④叶片粘贴时注意上下重叠以及明暗阴影关系。一般由于投影，下层被遮挡部分应比上层叶片暗。

❀ **思考：**

1.写生压花画有哪两种表现风格？

2.写生压花画横条形画面、长条形画面和圆形画面适合表现的主题有什么区别？

3.写生压花画常用的基本构图造型有哪些?

4.如何表现写生压花画的立体效果?

❀ **技能训练:**

写生压花画的设计与制作

1.**训练目的** 掌握写生压花画的设计与制作方法。

2.**材料与工具** 小型压花画框材料包(包括背板、底衬、画框、有机玻璃面、密封胶条、干燥剂)、压制好的花材、白乳胶、镊子、挑棒或牙签、尖头剪刀等。

3.**方法与步骤**

(1) 根据花材种类确定主题,根据花材姿态进行构图造型设计。

(2) 根据需要,组合大型重瓣花材。

(3) 按粘贴技法要求进行花材粘贴,注意表现立体效果。

(4) 将制作好的画密封装框。

4.**训练要求** 每位同学熟练掌握构图造型的方法,能利用多种方法表现画面立体效果。

任务二 插花式压花画的设计与制作

知识点

1.插花式压花画的立意构思。

2.插花式压花画的构图设计。

技能点

1.掌握插花式压花画的设计方法。

2.掌握插花式压花画的制作方法。

相关知识

插花是一种以植物为素材,经技术和艺术加工将其重新配置成花艺作品的艺术形式,既能表现植物的天然美,又能反映人类匠心的艺术美。插花式压花画模拟插花艺术的创作手法与造型特点,将自然美与人工美有机结合。

1.插花式压花画的设计

(1) 整体造型设计。插花式压花画的造型可分为容器类和非容器类两大类。容器类插花式压花画的容器有花瓶、花篮以及一些异形容器 (图6.2.1、图6.2.2、图6.2.3)。其中花瓶最为常见。非容器类插花式压花画有花束、花环等造型 (图6.2.4、图6.2.5)。

图6.2.1 花瓶造型（胡琳，2017）

图6.2.2 花篮造型（王丽，2010）

图6.2.3 异形容器造型（王丽，2010）

图6.2.4 花束造型（王莹，2019）

图6.2.5 花环造型（敏珠，2020）

  容器类插花式压花画构图要考虑容器与插花之间的关系。容器为花瓶时，花瓶只是插花的陪衬，并非表现重点，只要表现出花瓶的大体形状、质感和明暗关系即可。若是花篮，则花篮与插花都是表现的重点，构图时要强调表现花篮这个概念，提梁、边沿以及篮身上十字交叉的编织纹理都是重点表现对象。异型容器多为鞋、兜、船和烟斗等，重在表现插花与此类容器结合的特殊趣味，因此构图时容器的外形特征是重点。

  非容器类插花式压花画中，花束包装也是构图造型的组成部分，一般考虑使用结式包装与纸式包装，简单大方，可以很好地衬托插花本身。花环的造型则多在花环的大小粗细、花材及饰物的排布等细节上进行构图变化。

  插花式压花画的花材构图同插花一样，主要遵循高低错落、疏密有致、虚实结合、俯仰呼应、上轻下重、上散下聚等六大原则，这部分在项目四任务二"干花插花作品的设计与制作"中详细介绍，这里不再赘述。

（2）画面布局设计。容器类插花式压花画造型宜配长方形画幅，非容器类插花式压花画造型宜配正方形画幅。花篮、花车及异型容器的插花式压花画造型宜配横幅，花瓶的插花式压花画造型多配竖幅。插花式压花画造型在画幅中的位置又可分为居中式和偏置式两种，造型饱满对称的一般居中（图6.2.6），造型偏斜的要偏置（图6.2.7）。

图6.2.6　居中花瓶插花式压花画（王莹，2020）　　图6.2.7　偏斜花篮插花式压花画（王丽，2010）

（3）色彩设计。合适的主色调与色彩选配方案不仅可以营造气氛、烘托主题，还能平衡重心、稳定构图。以暖色为主调的构图具有向外扩张之势，以冷色为主调的构图则具有向内收缩之趋（图6.2.8）。同色系配色与近似色配色易协调统一，有安定舒适之感；对比配色与多角配色有跳跃欢快之感。容器与插花的色彩多采用有一定反差效果的对比色配色方案，以使二者便于区分。

图6.2.8　暖色调与冷色调的区别（卢洁，2018）

2.插花式压花画容器的制作方法　容器类插花式压花画的容器制作是最为独特的一环，容器制作可以采用绘画的方式勾勒，也可以用花材粘贴来实现（图6.2.9）。其中以压花材料进行粘贴效果十分精彩，是最常选择的表现形式，也是容器类插花式压花画制作技巧的关键所在（表6.2.1）。

图6.2.9　不同形式的花瓶

表6.2.1　容器制作粘贴法类型及适用情况

	类型	适用情况	具体方法
	勾勒法	制作透明容器	用线形花材勾画容器的外形轮廓
填充法	单材料修剪填充法	制作较小的或对质感、明暗等要求不高的容器	用单一花材修剪成容器形状，直接粘贴而成，多用整张叶片
	多材料组合填充法	制作较大的或对质感、明暗等要求较高的容器	用多种花材组合铺砌出容器造型，铺砌形式有鱼鳞式、编织式、补丁式、罗砌式等

3.容器类插花式压花画制作示例

（1）材料。底衬卡纸、刨花片（或其他适合做桌面的材料）、染料、银叶菊叶子、花瓶形状的剪纸，以及玫瑰花、小菊花和倒地铃等花材。

（2）制作步骤。

步骤1：选择有木纹纹理的刨花片做桌面（或选择其他适合表示桌面的材料）。

步骤2：通过染料给其上色，上色后晾干。

步骤3：根据背景纸的大小将上色完的刨花片剪成适合的大小并粘贴。

步骤4：根据设计意图选择大小合适的花瓶形态，将压制好的银叶菊叶片剪或撕成小块后粘贴于花瓶剪纸上，粘贴时注意不要有空隙。

步骤5：因银叶菊叶片正反面颜色深浅不同，粘贴银叶菊可根据明暗关系适当选择叶片的正反面粘贴，过渡要自然。

步骤6：将花瓶粘贴于背景卡纸上。

步骤7：选择线条感强的压花花材勾勒插花的轮廓。

步骤8：将中心花材位置确定，可选择不同形态的花材，并可采用自行拼接的花材。

步骤9：根据设计意图充实插花花材，使整体饱满（图6.2.10）。

图6.2.10 容器类插花式压花画制作步骤（王蕾蕾，2020）

❀ **思考：**

1.插花式压花画的造型有哪些?
2.插花式压花画的花材构图原则是什么?
3.容器与插花的配色方案，相似色和对比色如何选择?
4.如何选择合适的容器制作方法?

❀ **技能训练一：**

插花式压花画花瓶的设计与制作

1.**训练目的**　掌握花瓶的多材料组合填充法。

2.**材料与工具**　设计好的花瓶底稿、压制好的苎麻叶、尖头剪刀、镊子、白乳胶、挑棒或牙签等。

3.**方法与步骤**

（1）根据设计意向及底衬材料确定背景样式及花瓶大小。

（2）粘贴花瓶并根据需要用粉彩或其他材料给花瓶上色，注意明暗变化。

（3）将选择好的花材按照美学原理放置在画面上，直到构图满意。确定花材位置，并分层次粘贴。花材应该有不同形态的体现。

（4）选择合适颜色及大小的叶片粘贴于花空隙及背景处，尽量体现出插花的灵动飘逸。

4.训练要求　每位同学熟练掌握花瓶的多材料组合填充法，制作好的花瓶要轮廓清晰、质感真实、明暗合理。

✿ 技能训练二:

插花式压花画花束的设计与制作

1.训练目的　掌握插花式压花画花束的设计与制作方法。

2.材料与工具　小型压花画框材料包（包括背板、底衬、画框、有机玻璃面、密封胶条、干燥剂）、铅笔、橡皮、压制好的花材、白乳胶、镊子、挑棒或牙签、尖头剪刀等。

3.方法与步骤

（1）进行构图造型和画面布局设计。

（2）进行色彩设计。对配色方案进行推敲、调整。

（3）按粘贴技法要求进行花材粘贴，注意表现立体效果。

（4）制作好的画密封装框。

4.训练要求　每位同学熟练掌握压花花束的设计与制作方法，制作好的花束构图生动、配色合理，画面前后遮挡关系正确。

任务三　图案式压花画的设计与制作

知识点

1.图案式压花画的立意构思。

2.图案式压花画的构图设计。

技能点

1.掌握图案式压花画的设计方法。

2.掌握图案式压花画的制作方法。

相关知识

图案式压花画就是学习图案设计的创作手法和造型特点，利用压花材料在画面中制作图案，展示图案装饰美的一种压花画。

1.图案式压花画的设计

（1）造型设计。图案设计是图案式压花画制作的第一步。图案式压花画的构图有字母图案、几何图案、自由图案三大类（图6.3.1、图6.3.2、图6.3.3）。

图6.3.1 字母图案——字母C（张伟艳，2021）

图6.3.2 几何图案——三角形（敏珠，2021）

图6.3.3 自由图案（朱少珊，2016）

　　字母图案和几何图案都要使作品的外形轮廓清晰，通常先选择好主花的位置，再用线形花材设计图案的框架。而自由图案则没有固定的设计方式，一般是以现有花材为出发点考虑构图，常见的构图方式有散点式、放射式、并列式、渐变式等。

　　（2）色彩设计。图案的色彩除了需要确定同色系、近似色、对比色等配色方案外，还需要考虑色彩的明暗，即进行色彩的明暗设计。明暗设计最常用的方案是：亮底暗纹和暗底亮纹，能产生强烈对比，使图案更为清晰（图6.3.4、图6.3.5）。

图6.3.4 主花与底花色彩对比（张伟艳，2020）

图6.3.5 主花与底衬色彩对比（苔花，2022）

2.图案式压花画制作示例

（1）材料。背景底衬、青蒿叶、各种颜色及大小的仙客来、飞燕草、美女樱。

（2）制作步骤。

步骤1：用青蒿叶背面在底衬上摆出月牙形状。

步骤2：用仙客来做图案主花，月牙焦点位置选用大朵明亮粉色花朵，其余部位可选用大小不一、颜色暗一些的花朵，月牙尖的位置选用小花朵，叠加时小朵在下，大朵在上。

步骤3：选用粉色大花飞燕草做配花，压在主花下面，摆放位置错落分散。要形成月牙形中间宽两头尖的效果。

步骤4：最后加粉色美女樱和配叶做点缀，美女樱在月牙焦点位置展现整朵姿态，其余位置宜半隐藏于主花下完成。

步骤5：可根据设计意图选择不同图案，做法一致（图6.3.6）。

图6.3.6 图案式压花画制作步骤（卢洁，2021）

❋ 思考：

1.图案式压花画主要展示的是什么？
2.图案式压花画的构图有哪三大类？
3.图案式压花画最常用的明暗方案是什么？

❋ 技能训练：

压花U形花饰的设计与制作

1.**训练目的** 掌握字母类图案式压花画的设计与制作方法。

2.**材料与工具** 小型压花画框材料包（包括底衬、画框、有机玻璃面、密封胶条、干燥剂）、铅笔、橡皮、压制好的花材、白乳胶、镊子、挑棒或牙签、尖头剪刀等。

3.**方法与步骤**

（1）进行构图造型和色彩设计。

（2）挑选底衬纸板并进行处理。

（3）用粘贴技法粘贴主花位置，再用线形花材表现U形形状。

（4）填充花材，并在U形末端贴上须状花材，加强构图。

（5）制作好的画密封装框。

4.**训练要求** 每位同学熟练掌握压花U形花饰的设计与制作方法，制作的压花画中U形轮廓清晰、配色恰当、构图合理。

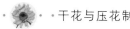

任务四　风景式压花画的设计与制作

知识点

1.风景式压花画的立意构思。
2.风景式压花画的构图设计。

技能点

1.掌握风景式压花画的设计方法。
2.掌握风景式压花画的制作方法。

相关知识

风景式压花画是指以风景为画面主体，用压花材料设计风景元素制作的风景画。

1.风景式压花画的设计　风景式压花画的设计最重要的是主题。因为风景元素非常多样，可以是山水、动植物、建筑等自然界和人类社会中的任一真实或虚构景色，没有固定的表现形式，所以风景式压花画的设计重点是表现人对风景的理解和感受。只有围绕拟定的主题，选择景物、营造景感，才能使观者与作者产生共鸣（图6.4.1、图6.4.2、图6.4.3）。

2.风景式压花画的制作技巧　风景式压花画制作的第一步是根据主题制作草图。用一张草稿纸，将所设计的主题用铅笔画出轮廓，再依据草图选取花材。

在选取花材时，不要将花材看做植物的具体器官组织，只需选取合适色彩、形态和质感的花材来使用。因此制作风景式压花画前，需要收集足够丰富的花材，给设计留有充足的挑选余地（图6.4.4）。

风景式压花画需要产生三维立体效果才有景色深邃之感。产生立体感的技巧有遮挡覆盖、大小对比和光影变化三种（图6.4.5）。

图6.4.1　自然界中的风景（罗丽娟，2020）

图6.4.2　人类社会的风景（朱美娟，2018）

图6.4.3　不同表现主题的风景式压花画（张雅婷、黄金兰，2019）

图6.4.4　风景式压花画中多种花材的运用（李业秋、
　　　　　朱苏绮，2019）

图6.4.5　风景式压花画中遮挡、近大远小和光影变化
　　　　　（张雅婷、黄金兰，2020）

3.风景式压花画制作示例

（1）材料。卡纸、粉彩、典具纸（或薄的无纺布）、白乳胶、花材（飞燕草、黄莺草、白千层、苔藓、鼠鞠草等）等。

（2）制作步骤。

步骤1：确定好主题后，用铅笔在卡纸上绘制草图。

步骤2：根据画面表达的需要，从花材的质感、色彩、形态、大小等方面选择适用的材料。

步骤3：准备粉彩。

步骤4：选择034（浅青）号粉彩，用小刀或剪刀刮取粉彩，再用纸巾蘸取粉彩涂抹在天空上，涂抹要均匀。

步骤5：选择007（青）号、015（深蓝）号粉彩，刮取粉末，涂抹天空的四角、边缘及河流。

步骤6：选择032（浅绿）号、010（青绿）号粉彩，刮取粉末，涂抹河流两侧的位置。

步骤7：选择016（咖啡）号、026（黑土）号粉彩，叠加在河流两侧的陆地上，并用手指将粉彩向河流处擦拭，使河流呈现出蓝、绿、褐混色的效果。

步骤8：取一张硫酸纸盖在树枝上，用铅笔把草图中的树枝描下来。

步骤9：取一张双面贴纸，撕开底部的离型纸，把画有树枝的硫酸纸摆放在上面。

步骤10：将双面贴纸有黏性的一面盖在树枝表面。

步骤11：将树枝沿边缘剪下来。

步骤12：撕开另一面离型纸。

步骤13：将剪下来的树枝纸型贴在芭蕉叶的背面，用剪刀沿边缘线剪下来。

步骤14：用同样的方法做好其他树枝及树干。

步骤15：将整个树按照原来的草图拼好，并粘贴在一起。

步骤16：把做好的树摆放在背景纸上适当的位置。

步骤17：在背景纸上粘贴一些飞燕草的花及花瓣。

步骤18：用早熟禾的花粘贴出树林的轮廓。

步骤19：再用黄莺草粘贴出树林的形态。

步骤20：将树体移开。树林以上的部分全部用白色典具纸遮盖，形成远景。

步骤21：把之前做好的树体粘贴在适当的位置。用榕树的气生根补充树体枝条，并粘贴飞燕草，完成树体整体造型，树林形成远近关系。

步骤22：用黄色和橘色的黄莺草做较近的树林。

步骤23：在右侧用溲疏、鼠尾草等花材做出花丛的轮廓。

步骤24：再添加鼠曲草，使花丛更加饱满。

步骤25：将鼠鞠草等花材粘贴在左侧，形成一个小的花丛。

步骤26：用白千层树皮做几块造型各异的石头，粘贴在花丛与水体的交界处，并搭配一些苔藓。作品《蓝花楹涧》制作完成（图6.4.6）。

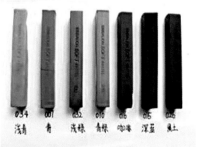

图6.4.6　风景式压花画制作步骤（王莹，2020）

利用前面所学习的抽真空保护法将整幅风景画密封保存起来，一幅风景式压花画就完成了。

（3）制作要点。

①确定主题。风景式压花画的主题形式较多，可以是描绘自然风光的森林、山水、瀑布，也可以是描绘人文景观的庭院、田园。因此，在设计一幅压花画之前首先要确定制作的主题。

②选择花材。《蓝花楹涧》这幅压花画想要表达秋天时分蓝花楹飘落的场景。作品中的主景是一棵树，可用真实的树皮，也可以用枯叶、红薯皮、丝瓜皮等来表达树干。用三种不同深浅颜色、不同大小的飞燕草来表现树上开出的花，用不同色彩的黄莺草表现远处的树林，用树皮和苔藓刻画出溪流边缘。

③背景渲染。《蓝花楹涧》这幅压花画的背景主要采用粉彩绘制。选择粉彩色号007（青）、010（青绿）、015（深蓝）、016（咖啡）、026（黑土）、032（浅绿）、034（浅青）来渲染背景，营造蓝天碧水的背景效果。

❀ **思考：**

1.风景式压花画的设计要点是什么？
2.风景式压花画如何选择花材？
3.风景式压花画有哪些增强立体效果的技巧？

✿ **技能训练：**

山水风景式压花画的设计与制作

1.训练目的　掌握风景式压花画的设计与制作方法。

2.材料与工具　压花画框材料包（包括背板、底衬、画框、有机玻璃面、密封胶条、干燥剂）、铅笔、橡皮、压制好的花材、白乳胶、镊子、挑棒或牙签、尖头剪刀、聚酯薄膜等。

3.方法与步骤

（1）拟定主题，绘制草图。

（2）挑选底衬纸板并进行处理。

（3）挑选合适的花材制作画面背景部分，可以增加聚酯薄膜覆盖。

（4）挑选合适的花材制作中景和前景部分，用叠加法增加层次。

（5）检查画面，补充细节，使景色更为逼真。

（6）制作好的画面密封装框。

4.训练要求　每位同学熟练掌握画面中远景、中景、前景之间的关系和表现手法，画面主题突出，有艺术感染力。

任务五　人物、动物式压花画的设计与制作

知识点

1.人物、动物式压花画的立意构思。
2.人物、动物式压花画的构图设计。

技能点

1.掌握人物、动物式压花画的设计方法。
2.掌握人物、动物式压花画的制作方法。

相关知识

人物、动物式压花画是指以人物或动物为画面主体的压花画。虽然在风景式压花画

中也不乏人物和动物入画，但那只是作为整体风景景物构成的一部分，是为营造整体景感服务的。而人物、动物式压花画中对人物和动物的刻画则细致得多，因此设计和制作有很大不同。

1.人物、动物式压花画的设计　构图设计一般将人物或动物置于画面中央。背景和前景可做适量景物设计，表现人物和动物身处的环境，但此时的景物只是为烘托人物或动物服务，不可喧宾夺主。

与写生式压花画分为写实和写意两种类似，人物、动物式压花画也根据表现风格不同，分为写实和写意两种（图6.5.1至图6.5.4）。

图6.5.1　写实动物式压花画（罗丽娟，2020）

图6.5.2　写意动物式压花画（匡子怡，2018）

图6.5.3　写实人物式压花画（刘香环，2018）

图6.5.4　写意人物式压花画（王莹，2018）

色彩设计上，一般考虑表现人物和动物真实的色彩。为了突出人物或动物主体，画面其他部分的明暗要和主体有所区别，主体亮则其他部分暗，主体暗则其他部分亮（图6.5.5）。

2.人物、动物式压花画的制作技巧 花材的选择是人物、动物式压花画制作成功的关键。

写实人物、动物式压花画贵在表现细腻。如人类毛发、动物皮毛、鸟类羽毛必须线条清晰、色泽质感逼真。所以制作皮发、五官、眼神、阴影等细节

图6.5.5 主体暗背景亮的动物式压花画（罗丽娟，2021）

时，都需细细揣摩，选择合适的压花材料来表现。这对初学者来说难度不小，但只要用心观察植物，往往会有一些特殊的发现。比如用狗尾草的茸毛表现动物的毛发，用非洲菊的花蕊表现小鸟的羽毛，都能取得意想不到的逼真效果。

写意人物、动物式压花画则重在表现外形轮廓、动作姿态、人物的衣服和动物的色彩。若是要创作人物画，则需要在花材压制时形成适当的折叠，用来表现衣服的褶皱纹理和人物的四肢关节。

3.动物式压花画制作示例

（1）材料。底衬卡纸、粉彩、不同颜色的非洲菊花瓣、非洲菊花瓣内茸毛、非洲菊花心、波斯菊花瓣、青蒿叶、早熟禾、绣线菊花心、玫瑰叶片、玫瑰花瓣、鸡爪槭叶片。

（2）制作步骤。

步骤1：准备带茸毛的非洲菊花瓣。

步骤2：将茸毛取下备用，茸毛颜色深浅不同。

步骤3：准备好非洲菊花瓣及茸毛、花心。

步骤4：将玫瑰花瓣进行拼接形成半开花朵形态。

步骤5：将背景卡纸根据设计进行粉彩上色，根据设计意图选择小兔子形态打印剪下，用不同深浅颜色的茸毛粘贴在兔子胸前和肚子处，粘贴时要一层层粘贴，体现出层次感。

步骤6：用绣线菊花心做小兔子眼睛。

步骤7：在小兔子眼睛周围按顺序粘贴茸毛。

步骤8：用深色茸毛粘贴肚子上部。

步骤9：用深色波斯菊花瓣修剪成兔子脚的形状并粘贴，用非洲菊花心做兔子身体胸腔部位，浅色非洲菊花瓣做兔子脖子及后脑勺部位轮廓。

步骤10：按照兔子耳朵大小修剪深色波斯菊花瓣并在上方叠加小一圈的浅色波斯菊花瓣。

步骤11：兔子耳朵粘贴。

步骤12：在兔子耳朵中心部位用最浅色（近肉色）非洲菊花瓣粘贴，在耳朵最外圈再粘贴茸毛。

步骤13：修剪波斯菊花瓣呈条状做兔子背部轮廓及头顶轮廓。

步骤14：继续用茸毛按照兔毛生长纹理粘贴使整个兔子饱满。

步骤15：按照设计图案用浅色花瓣做出山坡地形轮廓，在山坡上用青蒿叶及早熟禾做出远景，早熟禾可偏向一侧表示风吹效果。

步骤16：用玫瑰叶片做出前景轮廓。

步骤17：用不同形态玫瑰花做前景，花瓣由近及远大小不同，并用少量早熟禾做衬托。

步骤18：用几片鸡爪槭叶片做出框景效果，完成作品（图6.5.6）。

图6.5.6 动物式压花画制作步骤（卢洁，2021）

❀ **思考：**

　　1.人物、动物式压花画中有人物和动物，风景式压花画中也有人物和动物，两者有什么区别？
　　2.根据表现风格不同，人物、动物式压花画有哪两种类别？

❀ **技能训练：**

动物式压花画的设计与制作

　　1.**训练目的**　掌握动物式压花画的设计与制作方法。
　　2.**材料与工具**　动物的底稿、衬底纸板、压制好的花材、白乳胶、镊子、挑棒或牙签、尖头剪刀等。
　　3.**方法与步骤**
　　(1) 根据动物的形态颜色，综合运用多种方法处理花材。
　　(2) 按动物皮毛生长的顺序粘贴制作动物的不同部位。
　　(3) 添加动物眼睛、爪子、耳朵等细节，完成动物的制作。
　　(4) 根据动物的姿态，在衬底纸板上构图。
　　(5) 挑选合适的花材增添背景画面粘贴完成作品。
　　4.**训练要求**　每位同学熟练掌握动物式压花画的制作方法，制作的动物皮毛分布结构合理，细节加分。

任务六　中国画式压花画的设计与制作

知识点

　　1.中国画式压花画的立意构思。
　　2.中国画式压花画的构图设计。

技能点

　　1.掌握中国画式压花画的设计方法。
　　2.掌握中国画式压花画的制作方法。

相关知识

　　中国画式压花画是通过借鉴中国画的创作手法和造型特点，利用压花材料代替笔墨颜料在画面中作画，将压花艺术与中国绘画艺术相融合创作的压花画。

1.中国画式压花画的设计

（1）题材意境设计。中国画式压花画根据题材的不同，大致分为中国画式花鸟压花画、中国画式山水压花画、中国画式人物压花画三类。

题材的意境表达是中国画式压花画的设计精髓。中国画式压花画继承了中国画重视题材象征含义的创作手法，意境的表达一般通过题材的象征和谐音来实现，如鸳鸯象征夫妻恩爱；仙鹤象征长寿纯洁；萱草和椿树组合是"椿萱并茂"，用来祝福父母健康长寿；兰花和礁石在一起则取意"君子之交"。图6.6.1中的公鸡、图6.6.2中的孔雀都象征着吉祥如意。

图6.6.1　中国画式花鸟压花画——吉祥如意（刘香环，2013）

图6.6.2　中国画式花鸟压花画——朝阳图（刘香环，2016）

（2）表现方式设计。中国画式压花画的表现方式也类似中国画，多采用工笔、写意及工写结合三种表现方式。

工笔式以"细腻"见长，纤毛毫发历历在目。动物、植物可用此法表现，画面十分逼真。写意式以"神似"见长，描绘景物的大致形态，山水风景多用此法表现，画面意韵深远。工写结合一般花卉果蔬用写意、动物昆虫用工笔，虚实结合，能取得耳目一新的效果。

（3）构图设计。中国画式花鸟压花画的构图常用三种形式：S形构图，画面灵动且节奏感强（图6.6.3）；C形构图，画面丰满且主题感强（图6.6.4）；不等边三角形构图，画面既有变化又视觉稳定（图6.6.5）。

中国画式山水压花画常用的基本构图方法有：几何组合型、段叠型、层叠型。几何组合型一般用于表现山水小景或案头清供之类的静物组合（图6.6.6）；段叠型是指"一层地，二层树、三层山"，景色分段迭出的构图方式（图6.6.7）；层叠型是以层层堆叠的方式表现画面的纵深层次，除山水画外，在大场面的人物画中也较多见（图6.6.8）。

中国画式压花画借鉴中国画的构图法则，强调的是不对称的美，虚实相间、宾主分明、疏密有别、呼应生情。虚实相间是指画面适当的部位留白，呼应生情是指画面中的景物相互呼应，顾盼生情。

2.中国画式压花画的制作技巧　花材的选择和处理是非常重要的技巧。工笔画式的

图6.6.3 S形构图

图6.6.4 C形构图（刘香环，2021）

图6.6.5 不等边三角形构图（罗丽娟，2018）

图6.6.6 几何组合型构图屏风（刘香环，2013）

图6.6.7 段叠型构图（王莹，2019）

图6.6.8 层叠型构图（朱苏绮，2018）

花材选取同写实式人物、动物画一样，要求表现细腻、逼真。而写意画式则重在表现写意国画中的虚虚实实，半透明的花与叶能很好地实现。山水画中的峰峦叠嶂需选取色彩合适的叶片，依照山石构成的特点，利用叶脉的纹理制作。人物画中的服装则多用较轻薄、半透明的花材来体现若隐若现、轻纱似的衣料质感。

花鸟画中花材处理需要综合运用剪拼、正反、折叠等多种手法。而在山水画中，花材最重要的处理手法主要是"撕"，用手将花材根据画面构图撕成山石的体势。

3.中国画式压花画制作示例

（1）苎麻叶制作小翠鸟。

步骤1：根据鸟的身体构成，选取并修剪苎麻叶至合适的形状。

步骤2：苎麻叶的反面做鸟腹。

步骤3：大的浅色苎麻叶做鸟身。

步骤4：小的深色苎麻叶做翅膀。
步骤5：粘贴头部、尾部、喙和爪。
步骤6：制作眼睛。
步骤7：用粉彩染色并丰富细节（图6.6.9）。

图6.6.9　苎麻叶制作小翠鸟步骤

（2）花鸟压花画。

①材料。背景底衬、符合设计意向的花鸟图案、压制好的非洲菊花瓣、压制好的深色香蕉皮或茄子皮（做枝干）、彩色枫叶。

②制作步骤。

步骤1：分解非洲菊的花瓣待用。
步骤2：从鸟尾末端开始粘贴。
步骤3：一层一层覆盖粘贴。
步骤4：鸟尾完成，粘贴鸟腹。
步骤5：粘贴后腿。
步骤6：后腿羽毛被腹部羽毛遮挡。
步骤7：继续粘贴腹部羽毛。
步骤8：继续向上粘贴至胸部，形成胸部外形轮廓。

步骤9：向内叠加粘贴，使鸟腹胸部羽毛更为立体，并粘贴鸟背。

步骤10：粘贴翅膀羽毛。

步骤11：粘贴脖颈羽毛。

步骤12：粘贴脸颊羽毛。

步骤13：粘贴头部羽毛。

步骤14：制作鸟喙、鸟舌、眼睛。

步骤15：增加脸颊羽毛层次。

步骤16：将非洲菊花瓣修剪成月牙形，修饰眼部四周。

步骤17：制作鸟爪，补充细节，局部调整，完成金丝雀。

步骤18：粘贴供鸟站立的枝丫。

步骤19：调整鸟的位置和姿态。

步骤20：根据构图增加藤蔓枝叶。

步骤21：丰富层次和色彩（图6.6.10）。

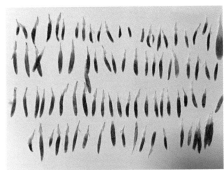

图6.6.10　花鸟压花画制作步骤（刘香环）

❋ **思考：**

1.中国画式压花画题材的寓意通过哪些途径实现？

2.中国画式花鸟压花画的常用构图方法有几种？

3.中国画式山水压花画的常用构图方法有几种？

4.表现中国画式花鸟压花画中的鸟，怎样选择和处理花材？

5.表现中国画式山水压花画中的山，怎样选择和处理花材？

❋ **技能训练：**

中国画式花鸟压花画作品的设计与制作

1.**训练目的**　掌握中国画式花鸟压花画的设计与制作方法。

2.**材料与工具**　压花画框材料包（包括：背板、底衬、画框、有机玻璃面、密封胶条、干燥剂）、铅笔、橡皮、压制好的花材、白乳胶、镊子、挑棒或牙签、尖头剪刀、聚酯薄膜等。

3.**方法与步骤**

（1）选择符合设计意向的花鸟图案，确定要制作的鸟的品种。

（2）根据选择的鸟的品种准备花材。

（3）按照所选品种鸟的制作方法制作压花鸟。鸟的大小要与背景大小比例协调，粘贴时鸟的羽毛有层次，鸟的姿态符合设计要求，嘴、眼睛、爪子等细节粘贴时选材大小比例合适，生动逼真。

（4）粘贴供鸟站立的枝丫，调整鸟的位置和姿态然后粘贴。

（5）按照设计意图粘贴背景。

（6）检查画面，补充细节，使花鸟压花画更为逼真。

（7）制作好的画密封装框。

4.训练要求　每位同学熟练掌握一种压花鸟的制作方法，会根据鸟的品种选择合适的压花材料，掌握压花鸟粘贴的顺序及羽毛层次的表现，嘴、眼睛、爪子等器官或结构的表现生动逼真。

项目七 压花用品的设计与制作

【内容提要】

1.掌握压花用品的设计方法。

2.掌握压花用品的制作方法。

【技能目标】

1.能根据作品制作需要设计压花用品。

2.能根据作品制作需要制作压花用品。

任务一 压花书签的设计与制作

知识点

1.压花书签的概念和类型。

2.压花书签的设计要点。

技能点

1.压花书签的制作方法。

2.压花书签的保护方法。

相关知识

利用压花花材，可以在底衬纸板上制作题材丰富、风格多变的压花装饰画，还可以在不同材料上制作生活用品。纸、布、木、玻璃、瓷、塑料以及蜡烛和香皂等各种日常用品，都可以用压花花材来装饰。这些压花用品装扮了日常生活，也很适合作为馈赠亲友的礼品。

压花书签本质是缩小的压花画，写生式、插花式、图案式、中国画式、人物动物式、风景式都可以作为构图方式。但由于画幅非常小，一般考虑抽象式设计，寥寥数笔勾勒出人和物的形态（图7.1.1）。

图7.1.1 不同设计主题的书签（李周一、周婷婷，2019）

1.压花书签的设计 书签带有强烈的文化属性，书签上的画面也以体现意境为佳。自用时，只需按自我喜好设计。若要馈赠他人，则要针对不同的受赠对象设计文化意境。

2.压花书签制作示例 相关设计方法和制作技巧已在项目六"压花画的设计与制作"中详细讲解，这里只针对书签这种形式及材质介绍设计和制作的不同之处。

根据底衬材料不同，书签有纸质书签和木质书签两类（图7.1.2、图7.1.3）。两者的制作步骤一样，不同之处在于纸质书签采用塑封覆膜保护法（见项目五任务二），而木质书签则采用树脂（摩宝胶）保护法（图7.1.4）。

图7.1.2 纸质压花书签（张伟艳，2019）

图7.1.3 木质压花书签（张伟艳，2018）　　　　图7.1.4 画面薄涂摩宝胶做保护

3.压花书签制作要点

（1）动手前需分辨底衬的上下和正反面。书签上部要留出打孔、系丝带的位置，边缘一般也要留出3mm的空隙利于保存处理。

（2）叶和花的种类都不宜太多，一般不超过两种。主花一般用小型花，适当点缀微型花填充，主花的数量以1、3、5朵为佳。

（3）摩宝胶的涂抹技巧是"薄""匀"。胶涂得太厚，会破坏花材姿态甚至使染色花材掉色；涂得不匀，则达不到全面保护的效果。

✿ **思考：**

1.利用压花可以装饰哪些日常用品？

2.压花书签的构图方式和制作要点有哪些？

技能训练：

压花书签的设计与制作

1.**训练目的** 掌握压花书签的设计与制作方法。

2.**材料与工具** 空白纸质和木质书签、冷裱膜、摩宝胶、压制好的花材、白乳胶、镊子、挑棒或牙签、尖头剪刀等。

3.**方法与步骤**

（1）根据馈赠对象设计图案。

（2）挑选大小合适的花材。

（3）按粘贴技法要求进行花材粘贴，注意书签边缘留空。

（4）用冷裱膜覆盖或涂摩宝胶的方法保存。冷裱膜粘贴平整，摩宝胶用量合适、涂抹均匀。

4.**训练要求** 每位同学熟练掌握压花书签的设计与制作方法，选用花材大小合适，图案清晰。

任务二 压花贺卡及笔记本的设计与制作

知识点

压花贺卡及笔记本的设计要点。

技能点

1.压花贺卡及笔记本的制作方法。

2.压花贺卡及笔记本的保护方法。

相关知识

压花贺卡有生日卡、节日卡、纪念卡、圣诞卡、祝福卡等。赠送者亲手制作的压花贺卡更能表达真实质朴的情感，具有商业贺卡无法比拟的魅力。压花笔记本与压花贺卡制作方式相似，只是笔记本可根据设计增加背景上色的步骤。

1.压花贺卡及笔记本的设计　与压花书签一样，压花贺卡及笔记本本质也是压花画，构图同样有写生式、插花式、图案式、中国画式、人物动物式、风景式等多种方式，构图时一般根据用途来设计造型。其特别之处在于，除考虑设计压花外，还应在贺卡上设计题写赠言的空间（图7.2.1）。

图7.2.1　不同构图设计的压花贺卡（敏珠，2020）

2.压花笔记本制作示例

（1）材料。卡纸、笔记本、丙烯颜料、软刷、调色盘、小菊花、配叶、冷裱膜等。

（2）制作步骤。

步骤1：根据预设主题及花材的颜色选择合适的底色颜料。

步骤2：卡纸上色。

步骤3：根据主题选择花材。

步骤4：卡纸放于封面下。

步骤5：摆放主花并粘贴。

步骤6：摆放辅花并粘贴，花材粘贴时注意轮廓。

步骤7：选择质地软的冷裱膜。

步骤8：覆膜并用手挤压空隙。

步骤9：卡纸粘贴于封面下完成（图7.2.2）。

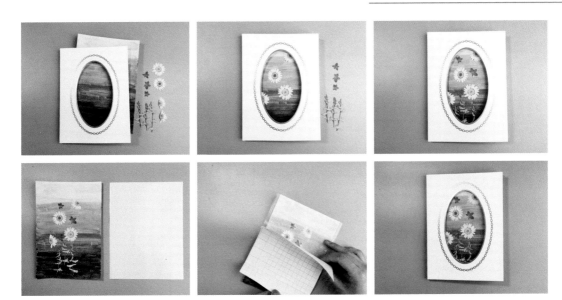

图7.2.2 压花笔记本制作步骤（张伟艳，2020）

3.压花贺卡制作要点

（1）压花贺卡的画幅一般不大，和压花书签一样叶和花的种类都不宜太多，否则易显杂乱无章。主花一般用中小型花，数量以奇数为佳。

（2）有弯曲度的花材可形成漂亮的曲线，要充分利用。线状花材可以调节图案的长、宽、高，优化构图比例。点缀花材可丰富画面，但要注意色彩平衡。

（3）压花贺卡的底衬材料多为纸质，一般采用覆膜保护法。

✿ 思考：

压花贺卡的构图方式和制作要点有哪些？

✿ 技能训练：

压花贺卡的设计与制作

1.训练目的 掌握压花贺卡的设计与制作方法。

2.材料与工具 内有空白空间的贺卡或镂空贺卡、冷裱膜、压制好的花材、白乳胶、镊子、挑棒或牙签、尖头剪刀、粉彩、棉花等。

3.方法与步骤

（1）根据馈赠对象设计图案。

（2）挑选大小及色彩合适的花材。

（3）根据设计选择是否涂底色，若需要则根据花材的颜色选择合适的粉彩上色。

（4）按粘贴技法要求进行花材粘贴，若为镂空贺卡注意镂空后的画面构图完整。

（5）用冷裱膜覆盖的方法保护，冷裱膜粘贴平整。

4.训练要求　每位同学熟练掌握压花贺卡的设计与制作方法，选用花材大小合适，图案清晰。

任务三　压花扇子的设计与制作

知识点

压花扇子的设计要点。

技能点

1.压花扇子的制作方法。
2.压花扇子的保护方法。

相关知识

1.压花扇子的设计　压花扇子根据底衬材料不同，有纸扇和绢扇两种（图7.3.1、图7.3.2）。图案类型可参照压花书签和压花贺卡。注意构图不可过大、过满，否则影响整体美感。

图7.3.1　压花纸扇（刘香环，2019）

图7.3.2　压花绢扇（敏珠，2020）

2.压花扇子制作示例
（1）材料。纸扇、粉彩、棉花、绣球、配叶、压花胶、韩纸膜、透花胶。
（2）制作步骤。
步骤1：根据花材选择粉彩颜色。
步骤2：粉彩上色。

步骤3：对照设计构图粘贴花材。

步骤4：粘贴构图轮廓及主花。

步骤5：粘贴花材完善构图。

步骤6：粘贴配叶。

步骤7：按扇子形状修剪韩纸膜。

步骤8：覆盖粘贴韩纸膜。

步骤9：将韩纸膜粘贴平整。

步骤10：在花材部位涂透花胶。

步骤11：制作完成（图7.3.3）。

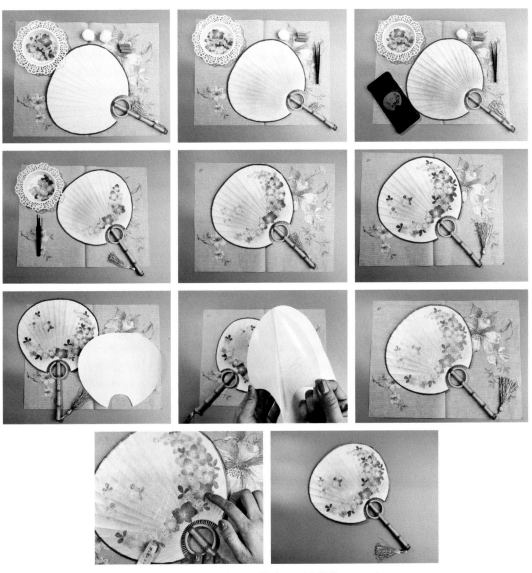

图7.3.3　压花扇子制作步骤（张伟艳，2021）

3.压花扇子制作要点 扇面一般都不太大，所以也应相应地选用中小型和较薄的花材来设计制作压花扇面。扇面压花图案的保护，以前用冷裱膜覆盖，现在也可用一种韩纸膜保护膜，这种韩纸膜单面有黏性，可以直接覆盖在压花图案上隔离空气和阳光，但又比一般的冷裱膜柔软服帖，易于造型。韩纸膜使用方法如下：

（1）按扇面形状修剪韩纸膜保护膜，大小略小于扇面。揭掉其背面的黏胶保护层，露出黏着面。

（2）像冷裱膜覆盖粘贴一样，将韩纸膜保护膜覆盖粘贴到图案上，注意用力压平，排出空气。

（3）在韩纸膜保护膜有压花图案的位置上涂透花胶。

（4）用手指顺着花材生长的方向从中心向四周用力涂抹，使黏着剂均匀延展覆盖压花图案，压花颜色更显鲜艳。

❀ **思考：**

压花扇子的构图方式和制作要点是什么？

❀ **技能训练：**

压花扇子的设计与制作

1.**训练目的** 掌握压花扇子的设计与制作方法。

2.**材料与工具** 绢扇、A4纸大小双面胶、透明压制好的花材、白色双面融合衬、白乳胶、镊子、挑棒或牙签、尖头剪刀等。

3.**方法与步骤**

（1）挑选大小合适的花材。

（2）设计图案并拍照记录。

（3）双面胶按照扇子大小裁剪。

（4）双面胶一面粘贴到扇面上，另一面准备粘贴花材。

（5）按照手机记录设计图案在扇面的双面胶上小心摆放花材。

（6）白色双面融合衬覆盖于花材上，扇面与双面胶紧密贴合。

（7）沿扇面边缘修剪多余融合衬。

4.**训练要求** 每位同学熟练掌握扇面的设计与制作方法，选用花材大小合适，构图合理。

任务四　压花台灯的设计与制作

知识点

压花台灯的设计要点。

1.压花台灯的制作方法。
2.压花台灯的保护方法。

相关知识

压花不仅可以粘贴在纸上，还可以粘贴在布或树脂等材料上。一般的布面用品，如服装、桌布、窗帘、靠垫等需定期清洗，不利于压花图案的保存，因此不用清洗的布面台灯成了压花布制品中应用最广泛的一种形式。压花图案在灯光的映衬下，独有一种朦胧之美（图7.4.1、图7.4.2）。

图7.4.1　压花台灯——单色（卢洁，2019）

图7.4.2　压花台灯——多色（敏珠，2020）

1.压花台灯的设计　根据台灯灯罩的形状设计构图，以周围花边式、下垂式、水平式、放射式、几何图案式等规则均匀分布的花卉图案为主，形成四面观赏的效果。

压花台灯的制作与之前作品异曲同工，这里不再示例。

2.压花台灯制作要点　以布面台灯为例阐述其制作技术要点。

（1）灯罩的布面宜采用亚麻布或平纹布，方便粘贴固定花材。

（2）忌花材过厚，不易粘贴平整，且无法与灯罩本身融为一体。色泽大小相近的薄型花材能更好地营造精致高雅的氛围。

（3）由于是在曲面上粘贴花材，黏着剂的用量要掌握好，太少粘贴不牢，太多则溢出外缘，影响效果。

（4）建议用韩纸膜保护膜覆盖保护，涂抹透花胶使压花图案显色。

❀ 思考：

压花台灯的构图方式和制作要点是什么？

❀ 技能训练：

压花台灯的设计与制作

1.训练目的　掌握压花台灯的设计与制作方法。

2.材料与工具　空白台灯、压制好的花材、树脂胶（树脂台灯保护）或韩纸膜（布艺台灯保护）、透花胶（布艺台灯）、白乳胶、镊子、挑棒或牙签、尖头剪刀等。

3.方法与步骤

（1）设计图案。设计图案可直接在台灯上设计，也可将白纸剪裁成与台灯面积相等的大小后展平，在白纸上设计图案。

（2）挑选大小合适的花材。

（3）用白乳胶按照设计粘贴花材。

（4）树脂台灯用树脂胶涂刷固定保护；布艺台灯用韩纸膜覆盖保护后，用透花胶涂抹花材部分。

4.训练要求　每位同学熟练掌握压花台灯的设计、制作及保护方法。

任务五　压花蜡烛的设计与制作

知识点

压花蜡烛的设计要点。

技能点

1.压花蜡烛的制作方法。

2.压花蜡烛的保护方法。

相关知识

1.压花蜡烛的设计　蜡烛面积非常有限，图案设计宜简洁大方、色彩明快（图7.5.1）。

图7.5.1　压花蜡烛和压花电子蜡烛（卢洁，2021）

2.压花蜡烛制作示例

（1）材料。蜡烛、小蜡烛（热源）、薄不锈钢勺、绣球、藕片、白乳胶等。

（2）制作步骤。

步骤1：准备材料。

步骤2：根据设计，粘贴图案。

步骤3：用薄的金属勺内测受热。

步骤4：用热勺背压花使其嵌入。

步骤5：制作完成（图7.5.2）。

图7.5.2　压花蜡烛制作步骤（张伟艳，2020）

3.压花蜡烛制作要点

（1）粘贴花材时要少量用胶，只要将花材中心部位固定于蜡烛上即可。

（2）用热勺背压花材时不能大面积压，不能时间过久，一般每次 3 ~ 5s，尽量只压在花材上，否则花材周围蜡融化流动后再冷凝易产生凹凸纹理。

（3）也可使用蜡液固定花材的方法，用软刷蘸取蜡液后迅速涂刷花材周边达到固定花材的目的，但蜡液颜色要与压花蜡烛颜色一致。

✿ 思考：

压花蜡烛的设计要点是什么？

✿ 技能训练：

压花蜡烛的设计与制作

1.训练目的　掌握压花蜡烛的设计与制作方法。

2.材料与工具　蜡烛、小蜡烛、薄不锈钢勺、压制好的花材、白乳胶、镊子、挑棒或牙签、尖头剪刀、打火机等。

3.方法与步骤

（1）设计图案。

（2）挑选大小合适的花材。

（3）用白乳胶按照设计粘贴花材，用胶要少，只固定花材中心点即可。

（4）将勺子内里用小蜡烛加热后迅速用勺子外侧加热花材。

4.训练要求　每位同学熟练掌握压花蜡烛的设计与制作方法，蜡烛上花材加热均匀，不使蜡烛凹凸明显。

任务六　压花饰品的设计与制作

知识点

压花饰品的设计要点。

技能点

1.压花饰品的制作方法。

2.压花饰品的保护方法。

相关知识

1.压花饰品的设计　压花饰品种类繁多，胸针、戒指、手链、项链、发饰都可以用压花材料设计与制作。根据制作工艺不同，有玻璃封面、滴胶灌注、滴胶涂抹三种制作方式（图7.6.1、图7.6.2、图7.6.3）。因饰面较小，设计应图案简洁、色彩明快，一般只选取精致动人的小型或微型花来设计，甚至只用一角蕨叶也能取得很好的效果。

2.压花饰品制作示例

（1）玻璃封面式压花饰品制作示例（图7.6.4）。

图 7.6.1　玻璃封面式坠面（周婷婷、魏婧，2019）

图 7.6.2　滴胶灌注（张伟艳，2019）

图 7.6.3　滴胶涂抹式耳环（倪瑞青，2019）

图 7.6.4　玻璃封面式压花饰品（周婷婷、倪瑞青，2020）

①材料。首饰底托、玻璃盖片、压花胶、无影胶、紫外线灯、花材等。

②制作步骤。

步骤1：准备底托、玻璃盖片、无影胶等材料。

步骤2：设计图案，修剪粘贴花材。

步骤3：修去超过边框的部分。

步骤4：沿底托边滴无影胶，盖玻璃盖片。

步骤5：压紧盖片，擦去多余胶液。

步骤6：紫外线灯照射硬化（图7.6.5）。

图7.6.5　玻璃封面式压花饰品制作步骤

（2）滴胶灌注式压花饰品制作示例（图7.6.6）。

①材料。A胶、B胶、硅胶模具、硅胶量杯、搅拌用玻璃棒、花材等。

②制作步骤。

步骤1：工具准备。

步骤2：A胶倒入1.5份。

步骤3：B胶倒入1份。

步骤4：缓慢匀速同方向搅拌。

图7.6.6　滴胶灌注式压花饰品（张伟艳，2020）

步骤5：透明状后倒入模具。

步骤6：放入花材。

步骤7：静置24～48h后硬化完成（图7.6.7）。

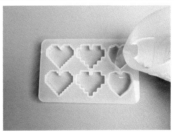

图7.6.7 滴胶灌注式压花饰品制作步骤（张伟艳）

（3）滴胶涂抹式压花饰品制作示例（图7.6.8）。

①材料。花材、无影胶、垫板、紫外线灯。

②制作步骤。

步骤1：花材正面朝上放置。

步骤2：在中心滴一滴无影胶。

步骤3：用工具辅助涂抹均匀。

步骤4：紫外线灯下照1min。

步骤5：背面涂匀无影胶，粘贴挂钩。

步骤6：背面同样照紫外线灯硬化（图7.6.9）。

图7.6.8 滴胶涂抹式压花饰品和干花饰品（周婷婷、倪瑞青，2020）

图7.6.9　滴胶涂抹式压花饰品制作步骤

3.压花饰品制作要点

（1）制作玻璃封面式压花饰品，注意选择小而薄的花材，大的花材可以剪切使用，花材背面的花蒂尽量削薄，否则玻璃盖无法压平密封。

（2）制作滴胶灌注式压花饰品，选择形状大小合适的模具，较厚的花材也可使用。分层缓慢灌注，每次灌入胶液后均需去除气泡。除花材外还加入金箔、闪粉等细小的装饰物，使饰品整体更显精致。

（3）制作滴胶涂抹式压花饰品，在玻璃台面上操作能避免涂抹滴胶时压花材料与操作台面粘连。胶液要涂匀涂薄，覆盖正面和反面。用镊子、挑棒或牙签配合操作，完全干燥前不要用手触碰，避免在胶面上留下指纹。除了压花，滴胶涂抹的方式还可以用在干花饰品上，可以延长干花饰品的保存期。

❋ **思考：**

压花饰品根据制作工艺不同，分为哪些款式？

❋ **技能训练：**

压花钥匙扣的设计与制作

1.训练目的　掌握压花钥匙扣的设计与制作方法。

2.材料与工具　时光宝石钥匙扣底托及玻璃面、模具、UV胶、AB胶、压制好的花材、白乳胶、镊子、挑棒或牙签、尖头剪刀等。

3.方法与步骤

（1）设计图案。

（2）挑选大小合适的花材。

（3）制作玻璃封面式钥匙扣。

（4）制作滴胶灌注式钥匙扣。

4.训练要求　每位同学熟练掌握压花钥匙扣的设计与制作方法，选用花材大小合适，图案清晰。

任务七　压花化妆镜的设计与制作

知识点

压花化妆镜的设计要点。

技能点

1.压花化妆镜的制作方法。

2.压花化妆镜的保护方法。

相关知识

1.压花化妆镜的设计　压花化妆镜的图案设计同样可参照压花书签和压花贺卡，通常对背景底衬做配色设计，从而更好地与压花图案融合，烘托整体氛围。化妆镜的尺寸越小，图案设计越要简单大方（图7.7.1）。

图7.7.1　压花化妆镜

2.压花化妆镜的制作示例　金属材质的背景可参考此方法，背景可采用带图案的和纸粘贴，可用颜料涂刷，也可以采用金属背景直接做压花。根据设计构图选择。

（1）材料。镜子、与镜子同等大小的金属背板、宽的和纸胶带或丙烯颜料、软刷、花材、冷裱膜、3M 胶等。

（2）制作步骤。

步骤1：材料准备。

步骤2：和纸胶带粘贴在背板上。

步骤3：用棉花按压展平。

步骤4：粘贴完成后剪下边缘。

步骤5：也可用丙烯颜料上色。

步骤6：制作出不同背景。

步骤7：不同背景粘贴花材。

步骤8：粘贴好花材后用冷裱膜覆盖。

步骤9：不要让膜与背板分离。

步骤10：冷裱膜留 1cm 剪边。

步骤11：将周围 1cm 膜分段剪开。

步骤12：剪好冷裱膜反向粘贴。

步骤13：将镜盖周边涂胶。

步骤14：背板粘贴。

步骤15：压花化妆镜作品完成（图7.7.2）。

图7.7.2 压花化妆镜制作步骤（卢洁，2020）

3.压花化妆镜制作要点

（1）金属背板粘贴和纸及覆盖冷裱膜时都要注意不让气泡产生，冷裱膜最后留边1cm分段剪开后折返粘贴是为了服帖，此步骤不能省略。

（2）颜料涂刷金属背板后要等涂料干后再放干花，否则干花易变色变软。

（3）金属背板粘贴在镜盖上时可使用3M等强力胶，或者采用双面胶代替。

❀ 思考：

压花化妆镜背景底衬需要怎样设计？

❀ 技能训练：

压花化妆镜的设计与制作

1.训练目的 掌握压花化妆镜的设计与制作方法。

2.材料与工具 镜子、与镜子同等大小的金属背板、宽的带简单图案的和纸胶带或丙烯颜料、软刷、花材、冷裱膜、3M胶、白乳胶、镊子、挑棒或牙签、尖头剪刀等。

3.方法与步骤

（1）设计图案。

（2）在金属背板上粘贴和纸胶带或用颜料涂刷做背景。

（3）挑选大小及色彩合适的花材。

（4）用白乳胶按照设计粘贴花材。

（5）用冷裱膜覆盖保护，并按照教材方法粘贴整齐。

（6）用3M胶将完成的金属背板粘贴在镜子上。

4.训练要求　每位同学熟练掌握压花化妆镜的设计与制作方法，冷裱膜粘贴平整。

附录：

压花协会及比赛

一、压花协会

英国压花协会是最早成立的压花协会，创办于1983年，是最有历史的压花协会，因为活动限制在英国，所以绝大多数会员都是英国人。

世界压花艺术协会创办于1999年12月，总部设在日本，绝大多数活动也是在日本，所以会员大多数为日本人。

国际压花协会创办于2001年7月，架设在国际网络上，由于会员可以在任何时间、任何地点参加活动，所以会员来自世界各地，不过因为使用英文作为交流语言，来自亚洲的会员相对来说比较少。

韩国压花协会是在日本和中国台湾的帮助下建立起来的。国际园艺学会2006年在首尔的会议展览上，就有韩国压花协会的一些压花企业的产品。

中国园艺学会压花分会成立于2013年。成立大会由华南农业大学园艺学院为重要发起单位在园艺学院召开，会议选举华南农业大学陈国菊教授为中国园艺学会压花分会理事长。

二、压花比赛

1.费城花展压花比赛　美国的费城花展开始于1829年，由宾夕法尼亚州园艺协会主办，每年3月初举行一次，有园林设计、花卉、盆景、插花、压花等类别的展览和作品比赛，是美国历史最悠久的国家级花事盛会。费城花展的压花比赛集合了最多国家的参赛者，也是目前最具国际代表性的压花比赛，堪称压花界的"奥斯卡"。每年都会根据当届费城花展的主题来确定5个压花艺术作品比赛项目。

2.国际压花协会压花比赛　国际压花协会每年6月举行一次压花研讨会，同时也有压花艺术作品比赛，参与的国家也越来越多。英国压花协会和世界压花艺术协会等也会定期或者不定期举行各种各样的压花艺术作品比赛。

3.我国压花比赛　2001年5月我国深圳举办了首届国际插花花艺博览会，此次博览会将压花列为单独项目参赛，但是也就仅此一次。直到2005年9月，在成都举办的第六届中国花卉博览会还是将干花和压花作为一种类型来比赛，可能是国内从事压花的人不多的缘故。

河南省率先于2021年5月14至15日举办了第一届压花艺术大赛，地点是河南省农业高新科技园区，以后每年都会举行压花艺术大赛来丰富人们的文化生活。

主 要 参 考 文 献

陈国菊, 2000. 压花制作技巧[M]. 广州: 广东科技出版社.

陈国菊, 2014. 跟我学——图解压花 (押花) 用品制作[M]. 北京: 化学工业出版社.

陈国菊, 赵国防, 2008. 压花艺术[M]. 北京: 中国农业出版社.

傅庆军, 梁承愈, 梁承悦, 2005. 植物压花[M]. 广州: 广东经济出版社.

何秀芬, 1993. 干燥花采集制作原理与技术[M]. 北京: 中国农业大学出版社.

基愉, 1995. 押花艺术[M]. 广州: 岭南美术出版社.

计莲芳, 2005. 艺术压花制作技法[M]. 北京: 北京工艺美术出版社.

刘飞鸣, 邬帆, 2004. 花艺设计手法之一——铺陈[J]. 花木盆景(1): 32-33.

刘飞鸣, 邬帆, 2004. 花艺设计手法之三——架构[J]. 花木盆景(3): 32-33.

刘飞鸣, 邬帆, 2004. 花艺设计手法之四——组合设计[J]. 花木盆景(4): 32-33.

刘飞鸣, 邬帆, 2004. 花艺设计手法之五——捆绑[J]. 花木盆景(5): 32-33.

刘飞鸣, 邬帆, 2004. 花艺设计手法之八——粘贴[J]. 花木盆景(8): 30-31.

裴香玉, 王琪, 2019. 我的押花日记[M]. 南京: 江苏凤凰文艺出版社.

日本宝库社, 2019. 押花风景画105+押花基础教程[M]. 梦工房, 译. 河南: 河南科学技术出版社.

日本诚文堂新光社, 2018. 让房间更美的干花花艺[M]. 裴丽, 陈新平, 译. 北京: 化学工业出版社.

王丽, 2018. 绮丽的押花艺术[M]. 北京: 中国轻工业出版社.

俞路备, 2005. 压花欣赏与制作[M]. 南京: 江苏科学技术出版社.

曾端香, 2015. 实用干花与压花艺术[M]. 重庆: 重庆大学出版社.

曾品蓁, 2017. 干燥花创意设计[M]. 北京: 中国轻工业出版社.

曾品蓁, 2019. 24堂干燥花创意课[M]. 北京: 化学工业出版社.

朱少珊, 2017. 压花艺术——初级[M]. 北京: 中国林业出版社.

朱少珊, 2017. 压花艺术——中级[M]. 北京: 中国林业出版社.

朱少珊, 2021. 静物创意压花艺术[M]. 北京: 中国林业出版社.

朱迎迎, 2016. 插花艺术[M]. 北京: 中国林业出版社.

图书在版编目（CIP）数据

干花与压花制作/胡琳等编著.—北京：中国农业出版社，2022.10
职业教育农业农村部"十四五"规划教材　江苏省高等学校重点教材
ISBN 978-7-109-30257-0

Ⅰ.①干…　Ⅱ.①胡…　Ⅲ.①干燥-花卉-制作-高等学校-教材②压花-装饰美术-技法（美术）-高等学校-教材　Ⅳ.①TS938.99②J525.1

中国版本图书馆CIP数据核字（2022）第223669号

中国农业出版社出版

地址：北京市朝阳区麦子店街18号楼

邮编：100125

责任编辑：王　斌　　文字编辑：王禹佳

版式设计：杨　婧　　责任校对：李伊然　　责任印制：王　宏

印刷：北京缤索印刷有限公司

版次：2022年10月第1版

印次：2022年10月北京第1次印刷

发行：新华书店北京发行所

开本：787mm×1092mm　1/16

印张：11.5

字数：280千字

定价：68.00元

读者意见反馈

亲爱的读者：

感谢您选用中国农业出版社出版的职业教育教材。为了提升我们的服务质量，为职业教育提供更加优质的教材，敬请您在百忙之中抽出时间对我们的教材提出宝贵意见。我们将根据您的反馈信息改进工作，以优质的服务和高质量的教材回报您的支持和爱护。

地　　址：北京市朝阳区麦子店街 18 号楼（100125）
　　　　　中国农业出版社职业教育出版分社
联系方式：QQ（1492997993）

教材名称：　　　　　　　　ISBN：　　　　　
个人资料

姓名：＿＿＿＿＿＿＿＿＿所在院校及所学专业：＿＿＿＿＿＿＿＿＿

通信地址：＿＿＿＿＿＿＿＿＿＿＿＿＿＿＿＿＿

联系电话：＿＿＿＿＿＿＿＿＿电子信箱：＿＿＿＿＿＿＿＿＿＿

您使用本教材是作为：□指定教材□选用教材□辅导教材□自学教材

您对本教材的总体满意度：

从内容质量角度看□很满意□满意□一般□不满意

改进意见：＿＿＿＿＿＿＿＿＿＿＿＿＿＿＿＿＿

从印装质量角度看□很满意□满意□一般□不满意

改进意见：＿＿＿＿＿＿＿＿＿＿＿＿＿＿＿＿＿

本教材最令您满意的是：

□指导明确□内容充实□讲解详尽□实例丰富□技术先进实用□其他＿＿＿＿＿

您认为本教材在哪些方面需要改进？（可另附页）

□封面设计□版式设计□印装质量□内容□其他＿＿＿＿＿＿＿

您认为本教材在内容上哪些地方应进行修改？（可另附页）

＿＿＿＿＿＿＿＿＿＿＿＿＿＿＿＿＿＿＿＿＿＿＿＿＿＿

＿＿＿＿＿＿＿＿＿＿＿＿＿＿＿＿＿＿＿＿＿＿＿＿＿＿

本教材存在的错误：（可另附页）

第＿＿＿＿页，第＿＿＿＿行：＿＿＿＿＿应改为：＿＿＿＿＿

第＿＿＿＿页，第＿＿＿＿行：＿＿＿＿＿应改为：＿＿＿＿＿

第＿＿＿＿页，第＿＿＿＿行：＿＿＿＿＿应改为：＿＿＿＿＿

您提供的勘误信息可通过 QQ 发给我们，我们会安排编辑尽快核实改正，所提问题一经采纳，会有精美小礼品赠送。非常感谢您对我社工作的大力支持！

欢迎访问"全国农业教育教材网"http：//www.qgnyjc.com（此表可在网上下载）

欢迎登录"中国农业教育在线"http：//www.ccapedu.com 查看更多网络学习资源

欢迎登录"智农书苑"read.ccapedu.com 阅读更多纸数融合教材